城建档案从业人员岗位培训教材

工程识图与竣工图编制

岗位培训教材编委会　编

陈兰英　主编

庞建军　顾九虎　副主编

U0286080

中国建筑工业出版社

图书在版编目（CIP）数据

工程识图与竣工图编制/陈兰英主编. —北京：中国建筑工业
出版社，2012.3
（城建档案从业人员岗位培训教材）
ISBN 978-7-112-14139-5

Ⅰ.①工…　Ⅱ.①陈…　Ⅲ.①工程制图-识别　Ⅳ.①TB23

中国版本图书馆 CIP 数据核字（2012）第 045292 号

本书是城建档案从业人员岗位培训专业教材。全书共分六章，讲述了识图基础、识读建筑施工图、识读结构施工图、识读设备施工图、识读市政工程图以及编制竣工图等一系列内容。书中大量引用建筑工程实例，力求使教材内容丰富、生动，给读者以初步入门的指引。

本书可作为城建档案馆（室）和建筑施工、监理人员的业务工具书，也可作为建设行业专业技术人员工作参考书。

责任编辑：朱首明　李　明　田立平
责任设计：李志立
责任校对：王誉欣　关　健

城建档案从业人员岗位培训教材
工程识图与竣工图编制
岗位培训教材编委会　编
陈兰英　主编
庞建军　顾九虎　副主编

＊

中国建筑工业出版社出版、发行（北京西郊百万庄）
各地新华书店、建筑书店经销
北京红光制版公司制版
廊坊市海涛印刷有限公司印刷

＊

开本：787×1092毫米　1/16　印张：12½　字数：305千字
2012 年 6 月第一版　　2013 年10月第二次印刷
定价：**33.00**元
ISBN 978-7-112-14139-5
（22149）

加强城建建档

乐业务培训

服务城乡规

划建设管理

壬辰春月 萧良才

叶如棠

原城乡建设环境保护部部长

3

城建档案从业人员岗位培训教材编委会

主　　任：张志新　杨洪海

副主任：欧阳志宏　陈文志　尹子山　冯汉国

委　　员：刘　明　吴应胜　张振强　任传康

陆志刚　陆开宇　周小明　朱建昌

张　蕴　范西庆　祁士中　章晓斌

王金辉　邵琳琳　张大虞　周健民

陈兰英

序 一

城乡建设档案（简称"城建档案"）是城市规划建设管理活动的历史记录，是社会管理和公共服务的重要信息资源，是建设行政主管部门依法实施行政许可、市场监管等行政管理的重要依据，是工程建设、运营养护和维修改造等的必要条件，城建档案工作是城乡建设事业的组成部分，是城乡建设重要的基础性工作。加强城建档案管理，对于促进城市科学管理，统筹城乡发展，保障城市生产生活秩序，维护城市安全、应对城市突发事件等具有十分重要的意义。城建档案管理业务性、专业性很强，从业人员要有一定的档案专业知识，要掌握城市规划管理及工程建设相关的基本理论、基础知识和一定的工程管理实践经验，要熟悉现代化管理的技术与方法。因此，组织开展城建档案从业人员（包括城市城建档案管理人员和建设、勘察设计、施工、监理、房地产开发等单位建设档案资料员）岗位培训和继续教育，建设一支高素质城建档案管理专业队伍尤为重要。

江苏省住房城乡建设厅结合城建档案工作实际，组织省内具有丰富实践经验的城建档案馆专业人员和从事工程基础知识教学的教师编写了一套城建档案从业人员岗位培训教材。这套教材由《工程文件与工程档案实务》、《工程识图与竣工图编制》、《城建档案管理》等三本课程教材和一本《城建档案工作法规标准选编》组成。教材依据现行城建档案法规和技术标准，结构合理、理论系统、内容丰富，理论联系实际、具有较强的实用性和针对性，教材借鉴吸收了近年城建档案研究成果和技术，兼顾了建设领域新的行业发展，具有一定的前瞻性和引领性。这套教材对适应城乡建设和城建档案工作发展需要，更好地培训城建档案从业人员，将发挥重要作用。各地城建档案管理人员及从业人员应认真学习借鉴，为提升城建档案从业人员能力和水平，完善城建档案管理，促进城乡建设科学发展作出贡献。

郭允冲

住房和城乡建设部副部长

序 二

　　自人类创造了文字，结绳记事、口口传承的历史被改变，档案也由此产生，并成为记录人类历史的主要途径。与其他类型的档案一样，城建档案是国家信息资源不可或缺的组成部分，是保存城市记忆，展现城市建设成就的重要载体，也是城市的重要生产要素、无形资产和社会财富。

　　当前和未来一段时期，我国正处于快速城市化推进阶段，城乡建设规模巨大，城乡面貌日新月异，"快速变化和大量建设"成为这个时代的显著特征。在这样的发展阶段，记录城市的发展和变迁显得尤为重要。城建档案正是这个进程的真实记录，通过系统梳理和归纳总结城市建设发展过程，记录和展示人们规划城市、建设城市、管理城市的劳动成果和智慧结晶，不仅可为当代研究者提供丰富翔实的一手基础资料，同时，也可帮助未来从业者以史为鉴。

　　要做到真正地刻录历史、准确地记录当代，需要相应的城建档案管理专业化知识、技能和手段。为此，江苏在全国率先探索编制了这套城建档案从业人员岗位培训教材。该教材在系统归纳城建档案理论的基础上，结合当前城乡建设工作的实际，从城建档案的管理及相关法规标准的梳理、工程文件与工程档案管理的要求和方法、工程识图与竣工图的编制等方面相对系统地阐述了城建档案的基本理论和基础知识，具有较强的针对性和实用性。希望本套教材的出版，能够推动城建档案行业水平的提升，引导各地城建档案从业人员在实践中不断丰富和发展城建档案体系，为记录这个伟大的时代，记录这个时代城建人的激情努力和理性追求作出应有的贡献。

江苏省住房和城乡建设厅厅长

目　　录

第一章　识　图　基　础

内　容　提　要

　　工程界是用图样表达建筑物、构筑物，了解房屋建筑的构造知识和投影原理是表达工程图不可或缺的基础，能识读工程图纸是城建档案从业人员必须具备的基本技能。本章主要介绍了房屋建筑的构造、投影的基本知识、工程中常用的投影图以及形体常见的图示方法等。

第一节　房屋建筑的构造

一、房屋建筑概述

（一）建筑构成要素概述

　　建筑包括建筑物和构筑物，其中建筑物是指人们为了满足从事生产、生活和进行各种社会活动的需求，利用所掌握的建筑技术，运用科学规律和美学原理而创造的空间环境，如厂房、住宅、商场等。而构筑物是为满足生产、生活的某一方面需要，建造的某些工程设施，如水池、水塔、烟囱、支架等。

　　建筑构成的基本要素是建筑功能、建筑技术、建筑形象。三者之间关系既统一又相互制约。建筑功能是人们建造房屋的具体目的和使用要求的综合体现，任何建筑物都具有使用功能。由于各类建筑的用途不尽相同，因此就产生了不同的建筑。建筑功能往往会对建筑的结构形式、平面空间构成、内部和外部空间的尺度、形象产生直接的影响。由于建筑个性不同，因此建筑形式千变万化，建筑功能在其中起决定性的作用。建筑技术是由不同的建筑材料和建筑设备（如给排水、采暖通风、电气、卫生、运输等设备）构成的，建筑材料又构成了不同的结构形式，把设计图纸变成实物还需要施工技术的保证，所以物质技术条件是构成建筑的重要因素。再好的设计构想如果没有技术作保证，就只能停留在图纸上，不能成为建筑实物本身，物质技术条件在限制建筑发展空间的同时也促进了建筑的发展。例如，高强度建筑材料的产生、结构设计理论的成熟、建筑内部垂直交通设备的应用，就促进了建筑往大跨度、高方向的发展。建筑形象是指建筑的艺术形象，是以其平面空间组合、建筑体型和立面、材料的色彩和质感、细部的处理及刻画来体现的。不同的时代、不同的地域、不同的人群可能对建筑形象又有不同的理解，但建筑的艺术形象仍然需要符合美学的一般规律。由于建筑的使用年限较长，同时也是构成城市景观的主体，因此成功的建筑应当反映时代特征、反映民族特色、反映文化色彩，并与周围的建筑和人文环境相协调。

1

(二) 建筑的分类

1. 按建筑的使用性质分类

(1) 民用建筑

民用建筑是指供人们居住及进行社会活动等非生产性活动的建筑，又分为居住建筑和公共建筑。居住建筑指供人们生活起居用的建筑物，包括住宅、公寓、宿舍等。公共建筑指供人们进行社会活动的建筑物，包括办公、科教、文体、商业、医疗、邮电、广播、通信、交通建筑等。公共建筑的类型很多，功能和体量有较大的差异，有些大型公共建筑内部功能比较复杂，可能同时具备两个或两个以上的功能，这类建筑称为综合性建筑。

(2) 工业建筑

工业建筑指供人们进行工业生产活动的建筑。一般包括生产用建筑及辅助生产、动力、运输、仓储用建筑，如机械加工车间、机修车间、锅炉房、车库、仓库等。

(3) 农业建筑

供人们进行农牧业的种植、养殖、贮存等用途的建筑，如温室、拖拉机站、粮仓等。

2. 按建筑高度或层数分类

《民用建筑设计通则》GB 50352—2005 将住宅建筑依层数划分为 1 层～3 层为低层住宅，4 层～6 层为多层住宅，7 层～9 层为中高层住宅，10 层及 11 层以上为高层住宅。除住宅建筑之外的民用建筑高度不大于 24m 者为单层和多层建筑，大于 24m 者为高层建筑（不包括建筑高度大于 24m 的单层公共建筑）。超高层建筑指 40 层以上，高度 100m 以上的建筑物。低层住宅在大城市中应当控制建造。七层及七层以上或住宅入口层楼面间距室外设计地面的高度超过 16m 以上的住宅必须设置电梯。在中、小城市应合理控制中高层住宅的修建，以便减少由于设置电梯而增加的建筑造价和使用维护费用。

3. 按建筑结构类型分类

(1) 砖木结构

砖木结构指建筑中竖向承重结构的墙、柱等采用砖或砌块砌筑，楼板、屋架等用木结构。

(2) 混合结构

混合结构指建筑中竖向承重结构的墙、柱等采用砖或砌块砌筑，柱、梁、楼板、屋面板等采用钢筋混凝土结构。

(3) 框架结构

梁、板、柱采用钢筋混凝土结构，通过梁和柱将受力传导给基础的结构。适用于跨度大、荷载大、高度大的多层和高层建筑。

(4) 剪力墙结构

剪力墙指在框架结构内增设的抵抗水平剪切力的墙体。因高层建筑所要抵抗的水平剪力主要是地震引起，故剪力墙又称抗震墙。

(5) 钢结构

梁、板、柱全部采用钢材建造。最大优点是自重轻，钢结构建筑的自重只相当于同样的钢筋混凝土建筑自重的三分之一，自重轻就使得在有限的基础条件下，能够将建筑盖的更高，所以钢结构普遍被应用于超高层建筑中。

（三）建筑物的等级划分

民用建筑的等级包括耐久等级、耐火等级和工程等级三个方面的内容。

1. 耐久等级

建筑物耐久等级的指标是耐久年限，耐久年限的长短是根据建筑物重要程度决定的。建筑物的耐久等级一般分为五级，其具体划分方法见表1-1。

建筑物的耐久年限　　　　　　表 1-1

建筑等级	适　用　范　围	耐久年限
一	具有历史性、纪念性、代表性的重要建筑物，如纪念馆、博物馆等	100 年以上
二	重要的公共建筑物，如一级行政机关办公大楼、大剧院等	50～100 年
三	比较重要的公共建筑和居住建筑，如医院、高等院校、工业厂房等	40～50 年
四	普通的建筑物，如文教、交通、居住建筑及一般性厂房等	15～40 年
五	简易建筑和使用年限在 15 年以下的临时建筑	15 年以下

2. 耐火等级

耐火等级取决于房屋主要构件的耐火极限和燃烧性能。耐火极限指从受到火的作用起，到失去支持能力，或发生穿透性裂缝，或背火一面温度升高到 220℃ 时所延续的时间，单位为小时。燃烧性能是指建筑构件在明火或高温辐射的情况下，能否燃烧或燃烧的难易程度。建筑构件按照燃烧性能分为非燃烧体（或不燃烧体）、难燃烧体和燃烧体三种。建筑耐火等级高的建筑，其主要组成构件耐火极限时间长。我国《高层民用建筑设计防火规范》GB 50045—1995（2005 版）和《建筑设计防火规范》GB 50016—2006 规定，将高层民用建筑的耐火等级分为两级，民用建筑的耐火等级分为四级，其划分方法分别见表1-2 和表1-3，对于不同耐火等级的建筑物，其最大允许的层数、长度和面积，在《建筑设计防火规范》GB 50016—2006 中也做了具体规定。

高层民用建筑构件的燃烧性能和耐火极限　　　　表 1-2

构件名称	燃烧性能和耐火极限（h）	耐　火　等　级	
		一级	二级
墙	防火墙	不燃烧体 3.00	不燃烧体 3.00
	承重墙，楼梯间、电梯井的墙和住宅单元之间的墙	不燃烧体 2.00	不燃烧体 2.00
	非承重外墙、疏散走道两侧的隔墙	不燃烧体 1.00	不燃烧体 1.00
	房间隔墙	不燃烧体 0.75	不燃烧体 0.50
柱		不燃烧体 3.00	不燃烧体 2.50
梁		不燃烧体 2.00	不燃烧体 1.50
楼板、疏散楼梯、屋顶承重构件		不燃烧体 1.50	不燃烧体 1.00
吊　顶		不燃烧体 0.25	不燃烧体 0.25

民用建筑构件的燃烧性能和耐火极限（h）　　　　　　　　　　表 1-3

名　称		耐火等级			
构件		一级	二级	三级	四级
墙	防火墙	不燃烧体 3.00	不燃烧体 3.00	不燃烧体 3.00	不燃烧体 3.00
	承重墙	不燃烧体 3.00	不燃烧体 2.50	不燃烧体 2.00	难燃烧体 0.50
	非承重外墙	不燃烧体 1.00	不燃烧体 1.00	不燃烧体 0.50	燃烧体
	楼梯间的墙、电梯井的墙、住宅单元之间的墙、住宅分户墙	不燃烧体 2.00	不燃烧体 2.00	不燃烧体 1.50	难燃烧体 0.50
	疏散走道两侧的隔墙	不燃烧体 1.00	不燃烧体 1.00	不燃烧体 0.50	难燃烧体 0.25
	房间隔墙	不燃烧体 0.75	不燃烧体 0.50	难燃烧体 0.50	难燃烧体 0.25
柱		不燃烧体 3.00	不燃烧体 2.50	不燃烧体 2.00	难燃烧体 0.50
梁		不燃烧体 2.00	不燃烧体 1.50	不燃烧体 1.00	难燃烧体 0.50
楼板		不燃烧体 1.50	不燃烧体 1.00	不燃烧体 0.50	燃烧体
屋顶承重构件		不燃烧体 1.50	不燃烧体 1.00	燃烧体	燃烧体
疏散楼梯		不燃烧体 1.50	不燃烧体 1.00	不燃烧体 0.50	燃烧体
吊顶（包括吊顶搁栅）		不燃烧体 0.25	难燃烧体 0.25	难燃烧体 0.15	燃烧体

3. 工程等级

建筑的工程等级以其复杂程度为依枯，共分为六级，其具体划分见表 1-4。

建筑工程等级划分　　　　　　　　　　表 1-4

工程等级	工程主要特征	工程范围举例
特级	1. 国家重点项目或国际性活动为主的特高级大型公共建筑； 2. 有历史意义或技术要求特别复杂的中小型公共建筑； 3. 30 层以上建筑； 4. 高大空间有声、光等特殊要求的建筑	国宾馆、国家大会堂、国际会议中心、国际大型航空港、国际综合俱乐部、重要历史纪念建筑、国家级图书馆、博物馆、美术馆、剧院、音乐厅、三级以上人防
一级	1. 高级大型公共建筑； 2. 有地区性历史意义或技术要求复杂的中、小型公共建筑； 3. 16 层以上、29 层以下或超过 50m 高的公共建筑	高级宾馆、旅游宾馆、高级招待所、别墅、省级展览馆、博物馆、图书馆、科学实验研究楼（包括高级学校）、高级学堂、高级俱乐部、300 床以上的医院、疗养院、医疗技术楼、大型门诊楼、大中型体育馆、室内游泳馆、室内滑冰馆、大城市火车站、航运站、候机楼、摄影棚、邮电通信楼、综合商业大楼、高级餐厅、四级人防、五级平战结合人防等
二级	1. 中高级、大中型公共建筑； 2. 技术要求较高的中小型建筑； 3. 16 层以上、29 层以下住宅	大专学校教学楼、档案楼、礼堂、电影院、部或省级机关办公楼、300 床以下（含 300）医院、疗养院、地或市级图书馆、文化馆、少年宫、俱乐部、排演厅、风雨操场、大中城市汽车客运站、中等城市火车站、邮电局、多层综合商场、风味餐厅、高级小住宅等

续表

工程等级	工程主要特征	工程范围举例
三 级	1. 中级、中型公共建筑； 2. 7层以上（含7层）、15层以下有电梯的住宅或框架结构的建筑	中学、中等专科学校的教学楼、实验楼、电教楼、社会旅馆、饭馆、招待所、浴室、邮电所、门诊部、百货楼、托儿所、幼儿园、综合服务楼、1～2层商场、多层食堂、小型车站等
四 级	1. 一般中小型公共建筑； 2. 7层以下无电梯住宅、宿舍及砖混结构建筑	一般办公楼、中小学教学楼、单层食堂、单层汽车库、消防车库、消防站、蔬菜门市部、粮站、杂货店、阅览室、理发室、水冲式公共厕所等
五 级	1、2层单功能，小跨度结构建筑	1、2层单功能的小跨度结构建筑

二、房屋建筑的基本构成

不论是工业建筑还是民用建筑通常是由基础（或地下室）、主体结构（墙、柱、梁、板或屋架等）、门窗、楼地面、楼梯（或电梯）、屋顶等六个主要部分组成，如图 1-1 所

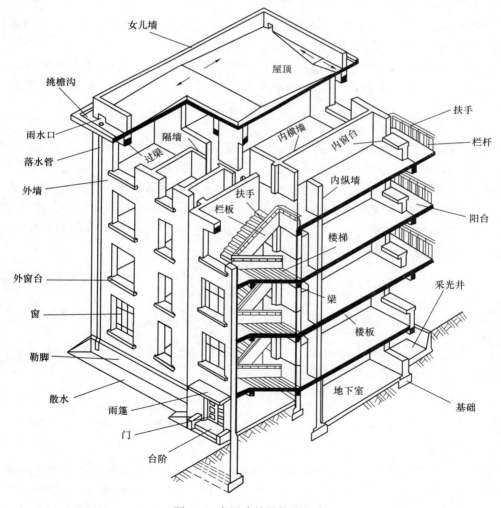

图 1-1　房屋建筑的构造组成

5

示。房屋的各组成部分在不同的部位发挥着不同的作用,基础是房屋最下部的承重构件,墙(或柱)是垂直方向的承重、围护构件,楼地层由楼层与地层组成,既是水平承重构件又是竖向分隔构件,楼梯是上下层的交通联系构件,供人们上下楼层和紧急疏散之用,屋顶是位于建筑物最顶上的承重、围护构件。门窗中门起联系房间作用,窗的主要作用是采光和通风。建筑物除了上述六大主要组成部分之外,对不同使用功能的建筑,还有一些附属的构件和配件,如阳台、雨篷、台阶、散水、勒脚、通风道等。另外,为了生活、生产的需要,还要安装给排水系统,电气的动力和照明系统,采暖和空调系统,如为高层和高档建筑,还配备电信管网和煤气系统提供生活需要。房屋建筑按结构构造建成后,在外界荷载作用下,由屋顶、楼层,通过板、梁、柱和墙传到基础,再传给地基。了解房屋建筑构造组成对阅读施工图有所帮助。

(一)房屋建筑中基础的构造

基础是建筑物的地下部分,是房屋中传递建筑上部荷载到地基的承重构件。基础的类型结合房屋所受的荷载和结构形式而不同,按基础构造型式分为:

1. 带形基础

当建筑物上部结构采用墙承重时,基础沿墙身设置,多做成长条形,这类基础称为条形基础或带形基础,是墙承式建筑基础的基本形式。该类基础适合用于混合结构房屋,如住宅、教学楼、办公楼等多层建筑。做基础的材料可以是砖砌体、石砌体、素混凝土等刚性材料,也可以是钢筋混凝土柔性材料。图 1-2 所示为带形基础(砖基础)类型。

2. 独立基础

当建筑物上部结构采用框架结构或单层排架结构承重时,基础常采用方形或矩形的独立式基础,这类基础称为独立式基础或柱式基础。独立式基础是柱下基础的基本形式。它可以用砖、石材料砌筑而成,上面为砖柱形式;而大多用钢筋混凝土材料做成,上面为钢筋混凝土柱或钢柱。基础形状可以做成台阶状,也可做成杯口形或壳体结构。当柱采用预制构件时,则基础做成杯口形,然后将柱子插入并嵌固在杯口内,故称杯形基础。图 1-3 所示的现浇钢筋混凝土基础和杯形基础。

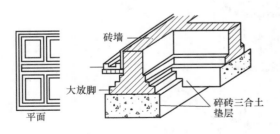

图 1-2 带形基础(砖基础)

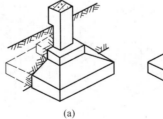
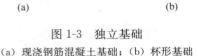

图 1-3 独立基础
(a)现浇钢筋混凝土基础;(b)杯形基础

3. 筏形基础

当建筑物上部荷载大而地基又较弱,这时采用简单的条形基础或井格基础已不能适应地基变形的需要,通常将墙或柱下基础连成一片,使建筑物的荷载承受在一块整板上成为片筏基础。片筏基础有平板式和梁板式两种。这种基础面积较大,多用于大型公共建筑下面，它由基板、反梁组成，在梁的交点上竖立柱子用来支撑房屋的骨架，其外形如图 1-4所示。

4. 箱形基础

当板式基础做得很深时，常将基础改做成箱形基础。箱形基础是由钢筋混凝土底板、顶板和若干纵、横隔墙组成的整体结构，基础的中空部分可用作地下室（单层或多层的）或地下停车库。箱形基础整体空间刚度大，整体性强，能抵抗地基的不均匀沉降，较适用于高层建筑或在软弱地基上建造的重型建筑物。箱形基础的形状如图 1-5 所示。

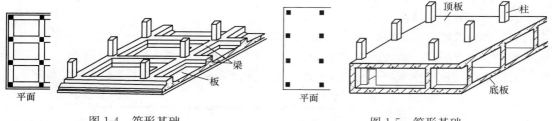

图 1-4　筏形基础　　　　　　　　　　图 1-5　箱形基础

5. 桩基础

桩基础是在地基土表层软弱土厚度大于 5m 时，或上部荷载相对很大时采用的基础类型。桩基础由基桩和连接于桩顶的承台共同组成。若桩身全部埋于土中，承台底面与土体接触，则称为低承台桩基；若桩身上部露出地面而承台底位于地面以上，则称为高承台桩基。建筑桩基通常为低承台桩基础。高层建筑中，桩基础应用广泛。桩基组成如图 1-6 所示。

（二）房屋建筑中墙、柱、梁、板的构造

1. 墙体的构造

墙体是房屋中起承重作用、围护作用和分隔作用的构件。根据墙在房屋中位置的不同可分为外墙和内墙，外墙是指房屋四周与室外空间接触的墙，内墙是位于房屋建筑内部的墙体。

按照墙的受力情况又分为承重墙和非承重墙。凡直接承受上部传来荷载的墙，称为承重墙；凡不承受上部荷载只承受自身重量的墙，称为非承重墙。

按照所用墙体材料的不同可分为砖墙、石墙、砌块墙、轻质材料隔断墙、混凝土墙、玻璃幕墙等。墙体在房屋中的构造如图 1-7 所示。

2. 柱、梁、板的构造

柱子是独立支撑结构的竖向构件，它在房屋中承受梁和板这两种构件传来的荷载。梁是跨过空间的横向承重构件，它在房屋中承担其上的板传来的荷载，再传到支承它的柱或墙上。板是水平承重构件，它通常支承在梁上、墙上或直接支承在柱上，把所受的荷载再

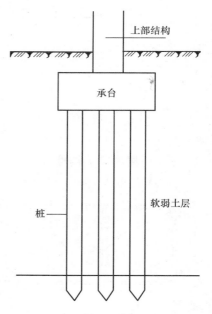

图 1-6　桩基础的组成

传给它们。在装配式的单层工业厂房中，一般都采用预制好的构件进行安装骨架；框架结构或框剪结构则往往是柱、梁、板现场浇制而成，现浇式钢筋混凝土楼板和墙体系指在施工现场通过支模、绑扎钢筋、整体浇筑混凝土及养护等工序而成型的构件。这种楼板和墙体具有整体性好、刚度大、利于抗震、梁板布置灵活等特点，但其模板耗材大，施工进度慢，施工受季节限制。适用于地震区及平面形状不规则或防水要求较高的房间。现浇楼板的构造形式常见有板式、梁板式、井字梁楼板、无梁楼板和压型钢板组合楼板。梁板式楼板和无梁楼板分别如图 1-8、图 1-9 所示。

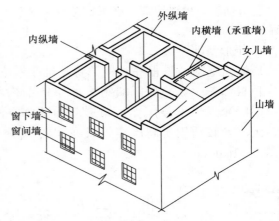

图 1-7 墙体在房屋中构造

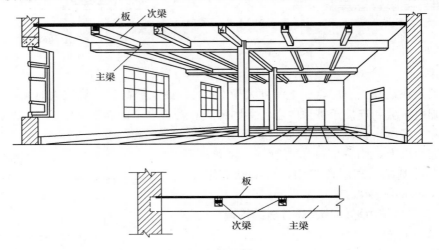

图 1-8 梁板式楼板

（三）房屋的其他构件

房屋建筑构造上除了以上主要构件外，还有楼梯、阳台、雨篷、屋架、台阶等。

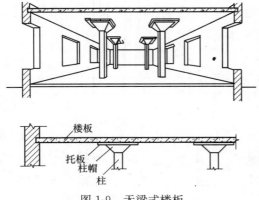

图 1-9 无梁式楼板

1. 楼梯的构造

楼梯是房屋各个不同楼层之间需设置的上下交通联系的设施，是作为竖向交通和人员紧急疏散的主要交通设施，使用最广泛。它是由楼梯段、中间平台、楼层平台、栏杆和扶手组成。图 1-10 所示为楼梯的组成。

楼梯的平台及梯段支承在平台梁上。楼梯踏步的高度和宽度有尺度要求，踏步面上要设置防滑措施。楼梯踏步的高度和宽度按下面公式计算：

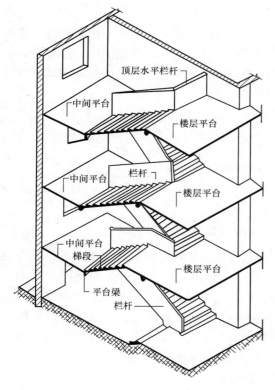

图 1-10　楼梯的组成

$$2h+b\leqslant 600\sim 620mm$$

式中　　h——踏步的高度；

　　　　b——踏步的宽度。

其宽度的比例根据建筑物使用功能要求不同而不同。根据设计规范规定，一般住宅的踏步高为 $150\sim 175mm$，宽为 $260\sim 300mm$；办公楼的踏步高 $140\sim 160mm$，宽为 $280\sim 340mm$；而幼儿园的踏步高为 $120\sim 150mm$，宽为 $260\sim 280mm$。

楼梯在结构构造上分板式楼梯和梁式楼梯两种，在外形上分为单跑式、双跑式、螺旋形楼梯等。楼梯的坡度一般在 $20°\sim 45°$ 之间。楼梯段上下人流的空间，最小处应大于或等于 2m，梯段通行处应大于等于 2.2m，这样才便于人及物的通行，如图 1-11 所示。楼梯休息平台宽度不应小于梯段的宽度，并满足防火规范要求，这些都是楼梯设计尺度的基本要求。大多数楼梯段至少有一侧是临空的，为了保证在楼梯上行走时的安全，梯段和平台的临空边缘设置栏杆。栏杆顶部供

人们依扶用的连续杆件，称为扶手。构造上楼梯的栏杆形式有栏板式的、栏杆式的，扶手则有木扶手、金属扶手等。栏杆和扶手的高度除幼儿园可低些，取 600mm，其他都不应小于 900mm 以上，扶手高度尺寸如图 1-12 所示。

楼梯的踏步面层可以做成木质的、水泥的、水磨石的、磨光花岗石的、地面砖的或在水泥面上铺地毯。

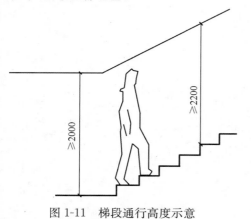

图 1-11　梯段通行高度示意

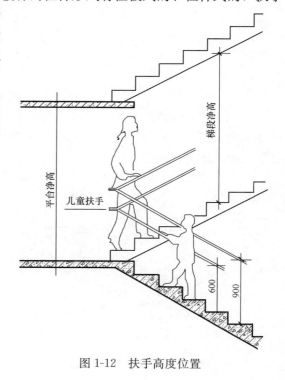

图 1-12　扶手高度位置

9

2. 阳台的构造

阳台在住宅建筑中是不可缺少的组成部分。它是生活在楼层上的人们用来进行眺望的室外空间，人们利用这个空间还可以在其上晾晒衣服、种植盆景、休闲纳凉。阳台按其与外墙的相对位置分为挑阳台、凹阳台、半挑半凹阳台、转角阳台。按结构处理不同分有挑梁式、挑板式、压梁式及墙承式。图1-13所示是阳台的四种类型。

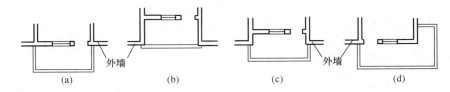

图1-13 阳台的类型

（a）挑阳台；（b）凹阳台；（c）半挑半凹阳台；（d）转角阳台

阳台设计要求包括悬挑阳台的挑出长度不宜过大，应保证在荷载作用下不发生倾覆现象，以1.2～1.8m为宜。低层、多层住宅阳台栏杆净高不低于1.05m，中高层住宅阳台栏杆净高不低于1.1m，但也不大于1.2m。阳台栏杆形式应防坠落（垂直栏杆间净距不应大于110mm），防攀爬（不设水平栏杆），以免造成恶果。放置花盆处，也应采取防坠落措施。其次注意阳台的坚固耐久，阳台所用材料和构造措施应经久耐用，承重结构宜采用钢筋混凝土，金属构件应做防锈处理，表面装修应注意色彩的耐久性和抗污染性。

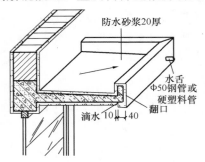

图1-14 雨篷的构造

3. 雨篷的构造

雨篷是房屋建筑入口处遮挡雨雪、保护外门免受雨淋的物件。雨篷大多是悬挑在墙外，一般不上人。它由雨篷梁、雨篷板、挡水口等组成，根据建筑需要再做上一些装饰。图1-14所示是雨篷的外形构造。

4. 屋架和屋盖构造

民用建筑中的坡屋面和单层工业厂房中的屋盖，都需要屋架承重构件。屋架的跨度一般在12～30m。它承受屋面上所有的荷载，如风压、雪重、维修人的活动、屋面板（或檩条、椽子）、屋面瓦或防水层、保温层的重量。屋架一般两端支承在柱子上或墙体上。其构造如图1-15、图1-16所示。

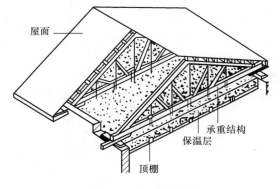

图1-15 坡屋面的构造

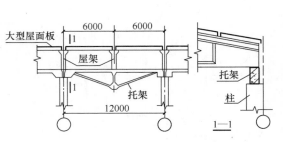

图1-16 工业厂房的屋架

5. 台阶的构造

台阶是建筑室内外的联系构件，由踏步和平台组成。它的断面构造形式如图 1-17 所示。台阶可以用砖砌成后做面层，也可以用混凝土浇筑成，更可以用石材铺砌成。面层可以做成普通的水泥砂浆、水磨石、磨光花岗石、防滑地面砖和天然石材等。

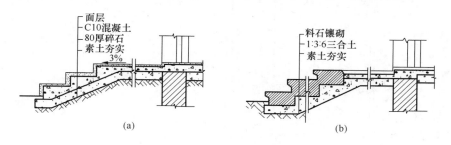

图 1-17 台阶的断面构造

（四）房屋中的门窗、地面和装饰构造

1. 门窗的构造

门窗是建筑不可缺少的主要组成构件，门和窗不但有通风采光等作用，还兼有建筑装饰的作用。窗是房屋中阳光和空气流通的"口子"；门则主要是人流出入房间的通道，当然也是空气和阳光要经过的通道"口子"。门和窗属于围护构件，不承重，有时兼起安全保护、隔声、隔热、防寒、防风雨的作用。

门和窗按其所用材料不同分为木门窗、钢门窗、钢木组合门窗、铝合金门窗、塑料或塑钢门窗、不锈钢门窗、玻璃制成的无框厚玻璃门窗等。门窗构件与墙体的连接，不同的门窗材料用不同的方法。木门窗用木砖和钉子把门窗框固定在墙体上，然后用五金件把门窗安装上去；钢门窗用铁脚（燕尾扁铁连接件）铸入墙上预留小孔之中，固定住门窗，钢门扇是钢铰链用铆钉固定在框上的；铝合金门窗是把框上设置的安装金属条，用射钉固定在墙体上，门扇则用铝合金铆钉固定在框上；塑料门窗基本上与铝合金门窗相似。其他门窗也都有它们特定的方法和墙体相连接。

按照构造形式不同，门可以分为夹板门、镶板门、半截玻璃门、拼板门、双扇门、联合门、推拉门、平开大门、弹簧门、钢木大门、旋转门等；窗有平开窗、推拉窗、中悬窗、上悬窗、下悬窗、立转窗、提拉窗、百叶窗、纱窗等。

根据所在位置不同，门有围墙门、栅栏门、院门、大门（外门）、内门（房门、厨房门、厕所门），还有防盗门等；窗有外窗、内窗、高窗、通风窗、天窗、"老虎窗"等。

从门窗构造来看，门有门框、门扇，框又分为上冒头、中贯档、门框、边梃等，门扇由上冒头、中冒头、下冒头、门边梃、门板、玻璃芯子等构成。如图 1-18 所示木门的组成。

窗由窗框、窗扇组成，窗框由上冒头、中冒头、下冒头组成；窗扇由门扇梃、窗扇的上、下冒头和安装玻璃的窗棂构成，如图 1-19 所示。

2. 楼地面的构造

楼面和地面是人们生活中经常接触行走的平面，楼地面的表层必须清洁、光滑、坚固、耐久。楼板层从上至下主要由面层、结构层和顶棚层组成，根据建筑物的使用功能不同，在楼板层中设置附加层。地面层是分隔建筑物最底层房间与下部土体的水平构件，地

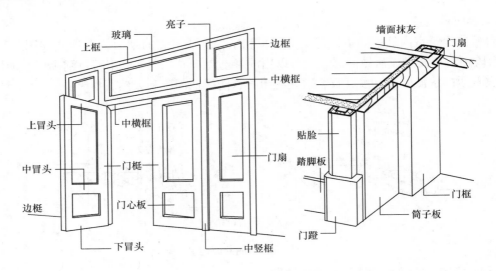

图 1-18　木门的组成

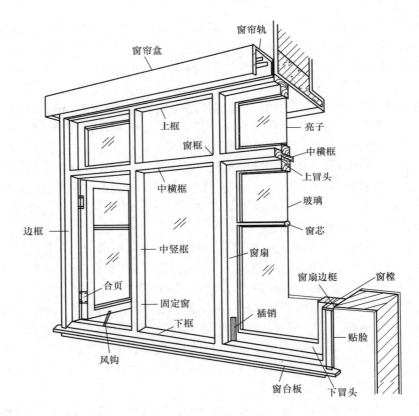

图 1-19　窗的组成

面层从下至上由基层、垫层和面层等基本层次组成，有时有附加层。

面层：是楼板上表面的构造层，也是室内空间下部的装修层。面层对结构层起着保护作用，使结构层免受损坏，同时，也起装饰室内的作用。

结构层：是楼板层的承重部分，包括板、梁等构件。结构层承受整个楼板层的全部荷载，并对楼板层的隔声、防火等起主要作用。地面层的结构层为垫层，垫层将所承受的荷载及自重均匀地传到夯实的地基上。

附加层：主要有管线敷设层、隔声层、防水层、保温或隔热层等。管线敷设层是用来敷设水平设备暗管线的构造层；隔声层是为隔绝撞击声而设的构造层；防水层是用来防止水渗透的构造层；保温或隔热层是改善热工性能的构造层。

顶棚层：是楼板层下表面的构造层，也是室内空间上部的装修层，顶棚的主要功能是保护楼板、安装灯具、装饰室内空间以及满足室内的特殊使用要求。

如图 1-20 所示块料面层地面构造

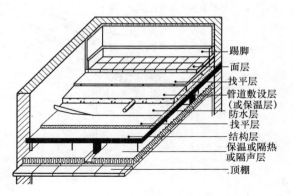

图 1-20　块料面层的构造组成

组成。其他面层有木板面层（即木地板）、塑料面层（即塑料地板）、沥青砂浆及沥青混凝土面层、菱苦土面层、不发火（防爆）面层等。图 1-21 所示为架空木地面的构造图。

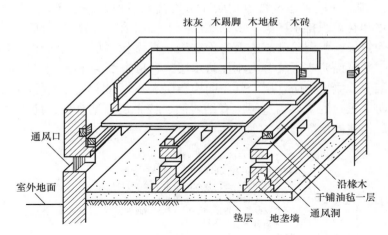

图 1-21　架空木地面的构造

3. 屋盖及屋面防水层的构造

房屋建筑的屋盖是房屋顶部的围护结构，它起到防风雨、日晒、冰雪、保温、隔热的作用；在结构上也起到支撑建筑顶部荷载的作用。屋顶的设计要求一般包括强度和刚度要求、防水和排水要求、保温隔热要求和建筑艺术要求。常见的屋盖体系有坡屋顶和平屋顶两种类型。坡屋顶通常用屋架、檩条、屋面板和瓦屋面组成；平屋面则是在屋顶的平板上做保温层、找平层、防水层，无保温层的有时做架空隔热层。

（1）坡屋顶的构造

坡度大于 10％的屋面为坡屋顶屋面，设置坡度应便于排除雨水，材料具有一定的防水能力。屋面坡度的形成可以是硬山搁檩或屋架的坡度形成。如图 1-22 所示平瓦屋面剖面图，构造层次是屋面板、防水层、顺水条、挂瓦条、平瓦等。

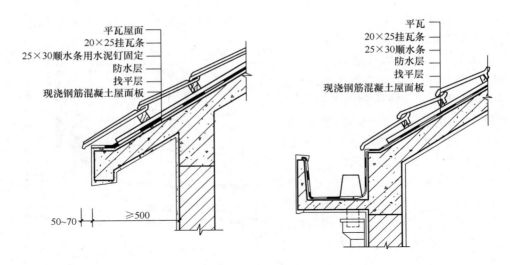

图 1-22 平瓦屋面构造

（2）平屋顶的构造

屋面坡度小于 5‰ 的屋顶为平屋面。平屋顶的屋面应有 1‰～5‰ 的排水坡，常用的坡度为 2‰～3‰。排水坡度可通过材料找坡和结构找坡两种方法形成。平屋顶的排水方式分为无组织排水和有组织排水两类。由钢筋混凝土屋顶结构板为构造的基层，其上可做保温层，如挤塑保温板、水泥珍珠岩或沥青珍珠岩，再做找平层（用水泥砂浆），最后做防水层和保护层。平屋面防水层又分为刚性防水层、卷材防水层和涂膜防水层三种。刚性防水屋面，是以细石混凝土做防水层，其屋面构造层次一般有防水层、隔离层、找平层、结构层等；卷材防水屋顶的主要构造层次有结构层、找平层、结合层、防水层、保护层等；卷材防水屋面的构造层次如图 1-23 所示。

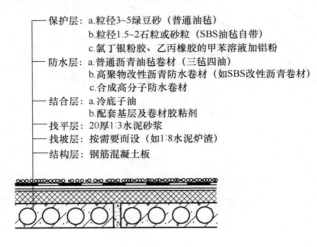

图 1-23 卷材防水屋面的层次

4. 房屋建筑内外装饰和构造

建筑装饰是增加房屋建筑的美感，体现建筑艺术的手段。装饰分为室外装饰和室内装饰，室外装饰是在建筑的外部如墙面、屋顶、柱子、门、窗、勒脚、台阶等表面进行美化。室内装饰是在房屋内对墙面、顶棚、门、窗、卫生间等进行建筑美化。

（1）墙面的装饰

外墙面上装饰可以在水泥抹灰面上做出各种线条的墙面上涂以各种色彩涂料或用饰面材料粘贴进行装饰，如墙面砖、锦砖、大理石、镜面花岗石等；玻璃幕墙和石材幕墙目前也很盛行。

内墙面的装饰一般以清洁、明快为主，最普通的是抹灰面加内墙涂料，或粘贴墙纸，较高级的做石膏面或木板、胶合板进行装饰。墙面的装饰构造层次如图1-24所示。

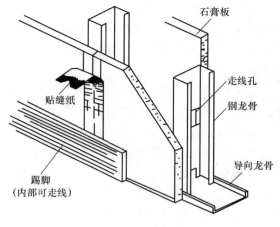

图 1-24　石膏板墙体构造

（2）屋顶的装饰

屋顶的装饰中，古建筑中如飞檐、戗角，高屋建瓴的脊势给建筑带来庄重与气派。现代建筑中的女儿墙、大檐子、空架势的屋顶装饰构造，也给建筑增添了情趣。

（3）柱子的装饰构造

如果毛坯的混凝土柱直接外露，则不会给人带来美感，而当它外面包上一层石材或不锈钢的面层材料时，就会令人赏心悦目。图1-25所示是柱子外包镜面石板等的构造断面示意图。

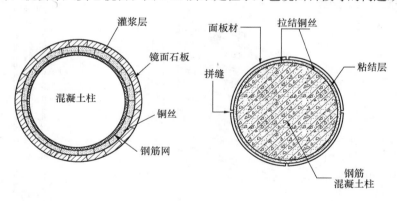

图 1-25　石板饰面柱构造断面

（4）顶棚的装饰构造

顶棚是室内装饰的重要组成部分，也是室内空间装饰中最富有变化，引人注目的界面，其透视感较强，通过不同的处理，配以灯具造型能增强空间感染力，使顶面造型丰富多彩，新颖美观。顶棚形式有：

平整式顶棚：这种顶棚构造简单，外观朴素大方、装饰便利，适用于教室、办公室、展览厅等，它的艺术感染力来自顶面的形状、质地、图案及灯具的有机配置。

凹凸式顶棚：这种顶棚造型华美富丽，立体感强，适用于舞厅、餐厅、门厅等，要注意各凹凸层的主次关系和高差关系，不宜变化过多，要强调自身节奏韵律感以及整体空间的艺术性。

15

悬吊式顶棚：在屋顶承重结构下面悬挂各种折板、平板或其他形式的吊顶，这种顶棚往往是为了满足声学、照明等方面的要求或为了追求某些特殊的装饰效果，常用于体育馆、电影院等。近年来，在餐厅、茶座、商店等建筑中也常用这种形式的顶棚，使人产生特殊的美感和情趣。

井格式顶棚：是结合结构梁形式，主次梁交错以及井字梁的关系，配以灯具和石膏花饰图案的一种顶棚，朴实大方，节奏感强。

玻璃顶棚：现代大型公共建筑的门厅、中厅等常用这种形式，主要解决大空间采光及室内绿化需要，使室内环境更富于自然情趣，为大空间增加活力。其形式一般有圆顶形、锥形和折线形。

（5）门窗及其他装饰构造

在门窗的外圈加以修饰使门窗的立体感更强，再在门窗的选形上、本身花饰上增加线条或图案，也起到装饰效果。为了室内适用和美观，木质花式隔断目前建筑中广泛采用。图 1-26 所示为竹木花式隔断的形式。

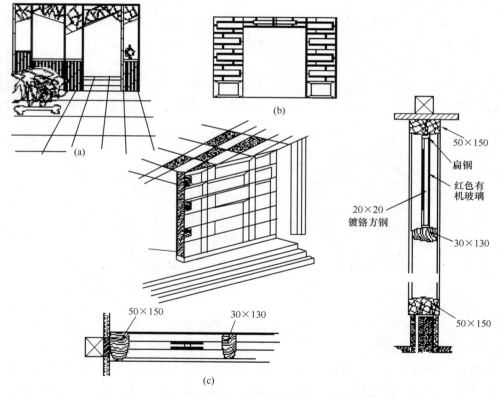

图 1-26　竹木花式隔断

三、水电安装等在房屋建筑中的构造

完整的房屋建筑必须具备给排水、电器、暖卫、空调和电梯，配套于房屋构造中。

（一）电气方面的构造

在房屋外电线入户必须有配电箱，通过配电箱出来的线路（线路分别为明线和暗线，暗线是用铁管埋置于墙、柱或顶棚内的），再送电到各个电气配件上。电气设施在房屋上是不可缺的构造。其中电气配件有灯座、开关、插座、接线闸等，另外还有动力线路，连到一些设备的动力配电线或闸刀开关上。这些在识读电气图中可以看到。

（二）给水系统的构造

给水系统是从城市管道分支进入房屋的，有进水水表（水表设置在水表井中），入户主管、分管，管径因用量的大小而有所不同，供水管又分为立管和水平管，管路上的构造有法兰、管接头、三通、弯头、丝堵、阀门、分水表、单向阀等，形成供水系统。供至使用地点的阀处（俗称水龙头），或冲厕所的水箱中。有时在房屋顶上还设置水箱，调节水压不够时的用水，有时也在一个区域中建造水塔供水。

（三）排水系统的构造

排水是房屋中的污水排出房屋外的构造系统。排水有排水源，如洗涤池、洗菜池、厕所、浴洗池等。由这些地方排出流向污水管道再排到室外窨井、化粪池至城市污水管道。房屋内污水管道现在开始使用合格的塑料管，管路上亦有如存水弯头、弯头、三通、管子接头、清污口、地漏等构造，污水通过水平管及立管排至室外。污水管道、水平管及立管则在建筑装饰构造中隐蔽起来。

（四）暖卫系统的构造

在我国北方地区的建筑中设置采暖设施，俗称"暖气"。它由锅炉房通过供热管道将热水或蒸汽送到每幢房屋之中。供蒸汽的管道要承受较大的压力，供热用给水系统管材安装。其构造和给水系统一样有法兰、管接、弯头等组成。有所不同的是送至室内后是接在根据需要而设置的散热器上，散热器组成有进入热水的进入管和排除冷却水的排出管。卫生设置是指排水系统中污水源处的一些装置，如浴缸、脸盆、洗手池等。目前这些卫生设备的档次、外观、质量不断提高，成为室内装饰的一种设施。

（五）空调和电梯的构造

1. 空调

空调设施是使房屋内温度和湿度保持一定值的装置。由空调机房把一定温度（夏季低于25℃，冬季高于15℃）及湿度的空气，通过通风管道送到房屋内，由进风口、排风口和通风管组成。需要保温又粗大的管道可以隐蔽在吊顶内，在进入室内的通风口下，一般设置调节开关，根据需要调节风量。

2. 电梯

电梯分竖向各层间的升降电梯和层间的自动扶梯。前者在医院、高层建筑、高级的多层建筑中应用，后者在商场、车站用得比较多。电梯由卷扬机、梯笼、平衡重、钢丝绳、滑道等组成，土建上要建造专门的电梯井道，施工时要按图中尺寸准确的建造好这个竖向通道，每层还要留出出入的门洞。如图1-27所示。自动扶梯两端支座在房屋的结构上，它由机架、电动机、传送带、梯步等组成。图1-28所示是自扶动梯的平面、立面、剖面示意图。

房屋的建筑施工图是设计人员设计意图的表达，如何把图纸上的内容变成建筑实体，首先应准确读懂施工图纸，这对搞好施工很重要。随着建筑材料、施工技术的不断发展，建筑设计、建筑艺术也将不断更新，我们了解和掌握房屋构造的知识，对学会看懂建筑施工图有相当大的帮助。

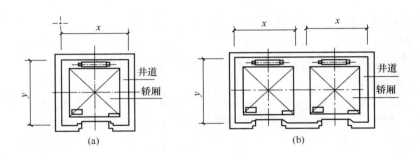

图 1-27　电梯井道平面

（a）单台电梯井；（b）两台电梯井道

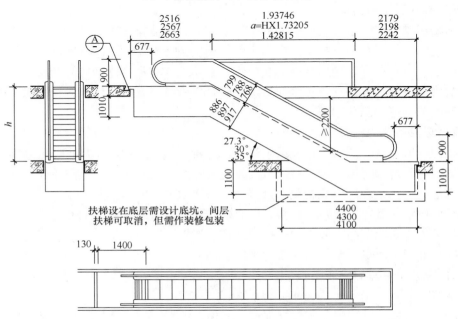

图 1-28　自动扶梯的平面、立面、剖面示意图

四、建筑节能

我国有近 400 亿 m² 建筑，仅有 1‰ 为节能建筑，其余无论从建筑围护结构还是采暖空调系统来衡量，均属于高耗能建筑，国民经济要实现可持续发展，推行建筑节能势在必行。建筑节能是指在建筑物的规划、设计、新建（改建、扩建）、改造和使用过程中，执行节能标准，采用节能型的技术、工艺、设备、材料和产品，提高保温隔热性能和采暖供热、空调制冷制热系统效率，加强建筑物用能系统的运行管理，利用可再生能源，在保证室内热环境质量的前提下，减少供热、空调制冷制热、照明、热水供应的能耗。

（一）建筑整体及外部环境的节能改造

建筑整体及外部环境设计是在分析建筑周围气候环境条件的基础上，通过选址、规划、外部环境和体型朝向等设计，使建筑获得一个良好的外部微气候环境，达到节能的目的。具体措施包括：

1. 合理选址

建筑选址主要是根据当地的气候、土质、水质、地形及周围环境条件等因素的综合状况来确定。建筑设计中，既要使建筑在其整个生命周期中保持适宜的微气候环境为建筑节能创造条件，同时又要不破坏整体生态环境的平衡。

2. 合理的外部环境设计

在建筑位置确定之后，应研究其微气候特征。根据建筑功能的需求，应通过合理的外部环境设计来改善既有的微气候环境，创造建筑节能的有利环境。主要方法有：①在建筑周围布置树木、植被，既能有效地遮挡风沙、净化空气，还能遮阳、降噪；②创造人工自然环境，如在建筑附近设置水面，利用水来平衡环境温度、降风沙及收集雨水等。

3. 合理的规划和体型设计

合理的建筑规划和体型设计能有效地适应恶劣的微气候环境。它包括对建筑整体体量、建筑体型及建筑形体组合、建筑日照及朝向等方面的确定。像蒙古包的圆形平面，圆锥形屋顶能有效地适应草原的恶劣气候，起到减少建筑的散热面积、抵抗风沙的效果。对于沿海湿热地区，引入自然通风对节能非常重要，在规划布局上，可以通过建筑的向阳面和背阴面形成不同的气压，即使在无风时也能形成通风，在建筑体型设计上形成风洞，使自然风在其中回旋，得到良好的通风效果从而达到节能的目的。日照及朝向选择的原则是冬季能获得足够的日照并避开主导风，夏季能利用自然通风并尽量减少太阳辐射。然而建筑的朝向、方位以及建筑总平面的设计应考虑多方面的因素，建筑受到社会历史文化、地形、城市规划、道路、环境等条件的制约，要想使建筑物的朝向同时满足夏季防热和冬季保温通常是困难的，因此，选择出适合这一地区气候环境的最佳朝向和较好朝向是关键。

（二）新能源的利用

在节约能源、保护环境方面，新能源的利用起至关重要的作用。新能源通常指非常规的可再生能源，包括有太阳能、地热能、风能、生物质能等。常州中亿房地产开发有限公司开发的大型住宅项目中意宝地，车库使用下沉式花园车库，形成无能耗的阳光车库。户户都有太阳能的节能装置，将太阳能设置在窗外，避免只有顶层几楼有热水供应，并采用了天然水回收系统，使得水源更加充足。如今人们在建筑上不仅能利用太阳能采暖，太阳能热水器还能将太阳能转化为电能，并且将光电产品与建筑构件合为一体，如光电屋面板、光电外墙板、光电遮阳板、光电窗间墙、光电天窗以及光电玻璃幕墙等，使耗能变成产能。在利用地热能时，一方面可利用高温地热能发电或直接用于采暖供热和热水供应；另一方面可借助地源热泵和地道风系统利用低温地热能。风能发电较适用于多风海岸线山区和易引起强风的高层建筑，在英国和香港已有成功的工程实例。但在建筑领域，较为常见的风能利用形式是自然通风方式。如通过建筑物背面的格子窗进风，建筑物正面顶部墙上的格子窗排风，形成贯穿建筑物的自然通风。

（三）建筑节能构造

1. 供暖系统节能

供暖系统节能有三方面的措施。①利用计算机、平衡阀及其专用智能仪表对管网流量进行合理分配，既改善了供暖质量，又节约了能源；②在用户散热器上安设热量分配表和温度调节阀，用户可根据需要消耗和控制热能，以达到舒适和节能的双重效果；③采用新型的保温材料包敷送暖管道，以减少管道的热损失。近年来低温地板辐射技术被证明节能效果比较好,它是采用交联聚乙烯(PEX)管作为通水管,用特殊方式双向循环盘于地面层内,冬天向管内供低温热水(地热、太阳能或各种低温余热提供);夏天输入冷水可降低地表温度(目前国内只用于供暖)。该技术与对流散热为主的散热器相比,具有室内温度分布均匀、舒适、节能、易计量、维护方便等优点。

2. 建筑围护结构节能

建筑物围护结构的能量损失主要来自外墙、门窗、屋顶,开发高效、经济的保温、隔热材料和切实可行的构造技术,以提高围护结构的保温、隔热性能和密闭性能。

(1)墙体节能技术

复合墙体是墙体节能的主流,墙体的复合技术有内附保温层、外附保温层和夹心保温层三种。复合墙体构造如图 1-29 所示。复合墙体一般用块体材料或钢筋混凝土作为承重结构,与保温隔热材料复合,或在框架结构中用薄壁材料加以保温、隔热材料作为墙体。目前建筑用保温、隔热材料主要有岩棉、矿渣棉、玻璃棉、聚苯乙烯泡沫、膨胀珍珠岩、膨胀蛭石、加气混凝土及胶粉聚苯颗粒浆料发泡水泥保温板等。其中胶粉聚苯颗粒浆料,它是将胶粉料和聚苯颗粒轻骨料加水搅拌成浆料,抹于墙体外表面,形成无空腔保温层。聚苯颗粒骨料是采用回收的废聚苯板经粉碎制成,而胶粉料掺有大量的粉煤灰,这是一种废物利用、节能环保的材料。

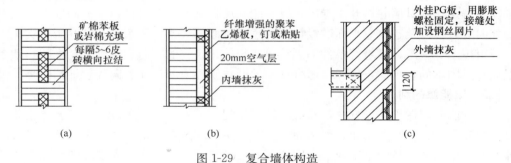

图 1-29　复合墙体构造
(a)中填保温材料外墙;(b)内保温外墙;(c)外保温外墙

(2)门窗节能技术

门窗具有采光、通风和围护的作用,在建筑艺术处理上起重要的作用。现代建筑物的门窗面积越来越大,包括全玻璃的幕墙建筑,这就对外维护结构的节能提出了更高的要求。对门窗的节能处理主要是改善材料的保温隔热性能和提高门窗的密闭性能,从门窗材料来看,近些年出现了铝合金断热型材、铝木复合型材、钢塑整体挤出型材、塑木复合型材以及 UPVC 塑料型材等一些技术含量较高的节能产品。其中使用较广的是 UPVC 塑料型材,它所使用的原料是高分子材料——硬质聚氯乙烯。它不仅生产过程中能耗少、无污染,而且材料导热系数小,多腔体结构密封性好,因而保温隔热性能好。UPVC 塑料门窗正逐渐取代钢、铝合金等能耗大的材料。门窗玻璃将普通玻璃加工成中空玻璃,镀贴膜玻璃(包括反射玻璃、吸热玻璃)高强度 LOW2E 防火玻璃(高强度低辐射镀膜防火玻璃)、采用磁控真空溅射方法镀制含金属银层的玻璃及智能玻璃。智能玻璃能感知外界光的变化并做出反应,它有两类,一类是光致变色玻璃,在光照射时,玻璃会感光变暗,光线不易透过;停止光照射时,玻璃复明,光线可以透过。在太阳光强烈时,可以阻隔太阳辐射热;天阴时,玻璃变亮,太阳光又能进入室内。另一类是电致变色玻璃,在两片玻璃上镀有导电膜及变色物质，通过调节电压，促使变色物质变色，调整射入的太阳光，这些玻璃都有很好的节能效果。

（3）屋顶节能技术

屋顶的保温、隔热是围护结构节能的重点之一。在寒冷的地区屋顶设保温层，以阻止室内热量散失；在炎热的地区屋顶设置隔热降温层以阻止太阳的辐射热传至室内；而在冬冷夏热地区（黄河至长江流域），建筑节能则要冬、夏兼顾。保温常用的技术措施是在屋顶防水层下设置导热系数小的轻质材料用作保温，如膨胀珍珠岩、玻璃棉等（此为正铺法）；也可在屋面防水层以上设置聚苯乙烯泡沫（此为倒铺法）。屋顶隔热降温的方法有架空通风、屋顶蓄水或定时喷水、屋顶绿化等。

第二节　投影的基本知识

工程图样是依据投影原理形成的，绘图的基本方法是投影法。因此，要看懂建筑工程图，必须了解投影的规律及成图原理。

一、投影的基本概念

（一）投影法

在日常生活中，存在着投影现象。例如，物体在日（灯、烛）光的照射下，留在地面或墙面上的影子，这个过程就是投影过程。具体地说，在平面（纸）上画出物体的图形，就要设有投影面（一个或几个）和投影线，投影线通过物体上各顶点后与投影面相交，则在投影面上得到物体的图形，这种图形就叫投影，又称为视图，好像观察者站在远处观看物体后获得的图形，这样获得视图的方法叫做投影法。如图 1-30 所示。

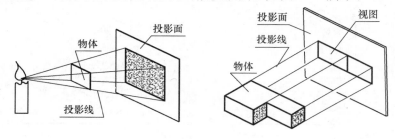

图 1-30　投影形成示意图

（二）投影法的分类

从照射光线（投影线）的形式可以看出，光线的发出有两种：一种是平行光线，例如遥远的太阳光；另一种是不平行光线，如图 1-30 所示的烛光或白炽灯泡的光。前者称为平行投影，后者称为中心投影。

1. 中心投影

如图 1-31 所示，设 S 点为一白炽灯泡，称为投影中心。自 S 发出的投影线有无数条，经三角板三个顶点 A、B、C 的三条投影线，延长与投影面（H）相交得三个点 a、b、c，$\triangle abc$ 就是空间 $\triangle ABC$ 的投影。由投影中心产生的投影称为中心投影法。图 1-31 所示也属于中心投影法。

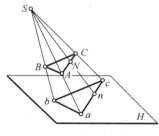

图 1-31　中心投影法

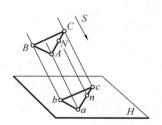

图 1-32　平行投影法

2. 平行投影

照射物体的投影线若互相平行（如太阳光），因为太阳离地球非常遥远，所以太阳光从窗口射进来，投影线是互相平行的，窗子在地面出现黑白分明的影子。这种投影线互相平行的投影方法，叫做平行投影法。

如图 1-32 所示，设空间 $\triangle ABC$（物体），经其三个顶点 A、B、C 的三条投影线互相平行，并与投影面（H）相交得三点 a、b、c。$\triangle abc$ 即为 $\triangle ABC$ 在投影面 H 上的平行投影。

平行投影中，按投影线与投影面的位置关系分为正投影和斜投影。

（1）正投影

投影线不但彼此互相平行，而且与投影面 H 垂直（如图 1-33 所示），所得的投影叫做正投影，也称作直角投影。

（2）斜投影

投影线沿着投影方向 S，不仅彼此互相平行，且与投影面 H 倾斜，如图 1-34 所示的投影称为斜投影，也称作斜角投影。

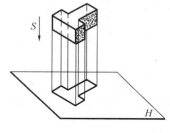

图 1-33　正投影

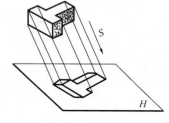

图 1-34　斜投影

二、工程中常用的投影图

（一）正投影图

利用正投影原理，物体正放能获得物体某个方向的真实形状和大小的图形。如图 1-35 所示，用正投影法从房屋的 A、B、C 三个方向，分别向互相垂直的投影面上作投影，每个投影面上各得到一个相应的投影图。然后，把三个投影面连同面上的图按照一定的规则展开，所得的三个图形称作三面正投影图，如图 1-36 所示。

用正投影图来表示房屋具有作图简单，能够反映物体真实大小，符合施工、生产需要的优点，因此，国家的有关标准中规定，把正投影法作为绘制建筑工程图样的主要方法。

正投影图是绘制土建施工图纸的基本形式。

正投影图是由多个单面图综合表示物体的形状，因此，这种图具有直观性较差的缺点，对于没有识图基础的人不易看懂。

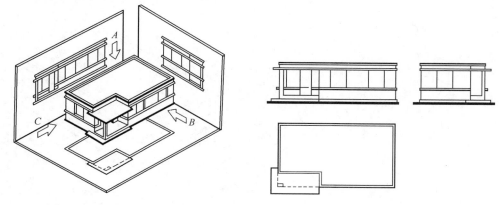

图 1-35 正投影的形成原理   图 1-36 正面投影图

（二）透视投影图

透视投影图是运用中心投影的原理，绘制出物体在一个投影面上的中心投影，简称透视图。这种图真实、直观形象逼真，且符合人们的视觉习惯。在土建工程图中，常用透视图来表现房屋、桥梁及其他建筑物的方案设计图，看起来显得自然且具有真实感，与照相机摄得的景物相似，形象逼真，符合人们观看物体的视觉习惯。但是，它所表现的物体有近大远小的变形，反映不出物体各部分的真实形状及尺寸，并且作图繁杂，因此，不能作为施工图纸直接使用。例如在建筑设计中透视图可以用来表示建筑物内部空间或形体外貌，具有强烈的三维空间透视感，能直观地表现建筑的造型、空间布置、色彩和外部环境等，如图 1-37 所示。

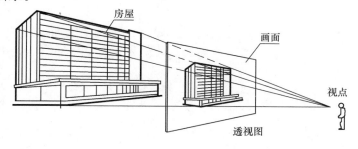

图 1-37 透视图的形成原理

（三）轴测投影图

利用平行投影原理，选择特定的投影方向 S（如图 1-38 所示），将物体往单一的投影面 P 上投影，所得的图形称为轴测投影图。

轴测图的特点是能够在一个图形中，同时表现出物体的顶面、前面和侧面的形状，因而这种图和透视图相似，富有立体感。在如图 1-38 所示中，设物体的长、宽、高三个方向为三根轴（即图中的 X、Y、Z），它们的投影分别是 X_1、Y_1、Z_1。换句话说，轴测图中的 X_1、Y_1、Z_1 三个方向的长度以一定的关系代表了物体的长、宽、高三个方向的长度，并且可以度量。这种图沿着轴的方向可以测量长度，故称"轴测图"，如图 1-39 所示为一幢房屋的轴测图。

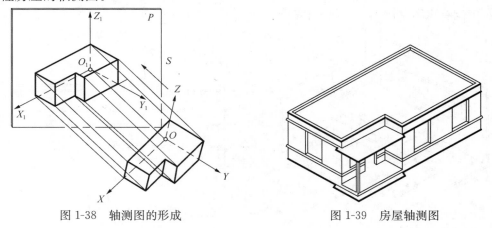

图 1-38　轴测图的形成　　　　　　　图 1-39　房屋轴测图

（四）标高投影图

标高投影图是标有高度数值的水平正投影图。它是运用正投影原理来反映物体的长度和宽度，其高度用数字来标注，工程中常用这种图示来表示地面的起伏变化、地形、地貌等。作图时常用一组间隔相等而高程不同的水平剖切平面剖切地物，其交线反映在投影图上称为等高线。将不同高度的等高线自上而下投影在水平投影面上时，即得到了等高线图，称为标高投影图。

在标高投影中，水平投影面 H 被称为基准面。而标高就是空间点到基准面 H 的距离。一般规定：H 面的标高为零，H 面上方的点标高为正值，下方的点标高为负值，标高的单位以 m 计。标高投影图是一种单面正投影图，它与比例尺相配合或是通过在图中标明比例来表达物体的空间形状和位置。标高投影的长度单位，如在图中没有特别说明，均以 m 计。

地形面是非规则曲面，假想用一组高差相等的水平面截割地面，截交线便是一组不同高程的等高线。如图 1-40 所示，画出地面等高线的水平投影并标注其高程，即得地形面

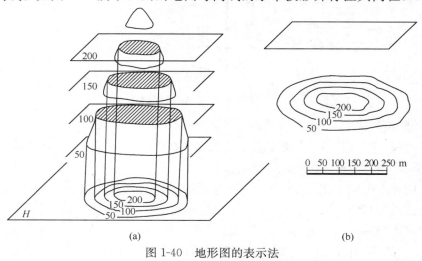

（a）　　　　　　　　　　　　　　　　　　（b）

图 1-40　地形图的表示法

的标高投影，地形面的标高投影也称地形图。

三、三面视图及其对应关系

在正投影中，又以所用投影面的数量不同而分为单面视图和多面视图。土建施工用图一般为多面视图，并且习惯上不加"多面"二字。

（一）单面视图和两面视图

物体在一个投影面上的投影称为单面视图。通过物体上各顶点的投影线（它们互相平行且垂直投影面），与投影面相交而得的图形反映物体的一个侧面实形和两个方向尺寸。如图 1-41（a）所示，反映物体的正面形状和长、高两个方向尺寸。

在建筑工程图中，经常使用单面视图表示房屋的局部构造和构配件。如图 1-41（b）所示就是用一个视图表示简易的木屋架。

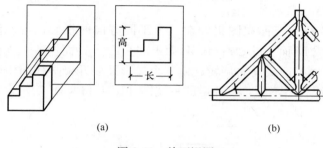

(a)   (b)

图 1-41 单面视图

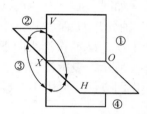

图 1-42 四个分角的划分

物体在两个互相垂直的投影面上的投影称为两面视图。在如图 1-42 所示中，设正立投影面（简称正面），用字母 V 表示；水平投影面（简称平面），用字母 H 表示；V 面和 H 面相交的交线称为投影轴，用 OX 表示。V、H、OX 组成两投影面体系，将空间划分为四个分角：第一分角、第二分角、第三分角和第四分角。本书只讲述第一分角中各种形体的投影。将构件放在 V 面之前、H 面之上，如图 1-43（a）所示，按箭头 A 和 B 的投影方向分别向 V、H 面正投影，在 H 面上所得的图形称作平面图，在 V 面上的投影称作正立面图（简称正面图）。

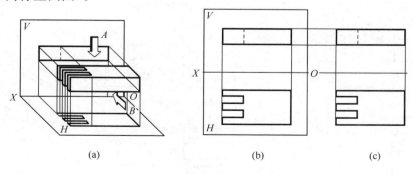

(a)   (b)   (c)

图 1-43 构件的两面视图

物体的投影是在空间进行的，但所画出的视图应该是在图纸平面上。为此，设想两个投影面及面上的两个视图需要展开摊平。根据《国家标准》的有关规定，投影面的展开必须按照统一的规则，即：V 面不动，H 面绕 OX 轴向下旋转 90°，这时，H 面重合于 V

面，如图 1-43（b）所示。表示投影面范围的边框线省略不画，形成构件的两面视图，如图 1-43（c）所示。

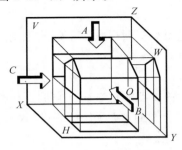

图 1-44 三面视图的形成

（二）三面视图

为了更清楚地表示物体的形状，在两投影面体系中，再设立一个与 V 面、H 面都垂直的侧立投影面（简称侧面），用字母 W 表示，于是形成三投影面体系，其三根投影轴 OX、OY、OZ 互相垂直，并相交于原点 O。在三面体系中放置一个要表示的小屋，并使其主要表面分别平行于投影面，然后按箭头 A、B、C 方向，分别向 H、V、W 面投影，获得三面视图（如图 1-44 所示）。在 H、V 面上的视图已作叙述。在侧面（W 面）上的投影，是从左边 C 方向投影的，叫做左侧立面图（简称侧面图）。

如图 1-45（a）所示移走小屋，留下三面视图仍处在三个不同方向的投影面上。沿 OY 轴分开 H 面和 W 面，OY 轴变成 H 面上的 OY_H 和 W 面上的 OY_W。V 面保持正立位置不动，H 面按箭头向下旋转，W 面按箭头向右旋转，使三个投影面展开摊平如图 1-45（b）所示。表示投影面范围的边框线省略不画，展开后的三视图如图 1-46（a）所示，为了作图方便，可用 45°线反映平面图与侧面图的对应关系。

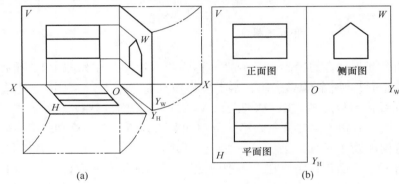

（a）   （b）

图 1-45 三面视图的展开方法

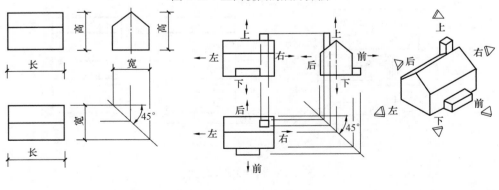

（a）   （b）

图 1-46 三面视图的方位关系

（三）三面视图的对应关系

从三面视图的形成和展开过程中，可以明确以下关系：

1. 三面视图的位置关系

平面图在正面图的下面，左侧面图在正面图的右边，如图 1-45（b）所示。三图位置不改变。

2. 三面视图的三等关系

三面视图中，每个图反映物体两个方向的尺寸，即正面图反映物体的长和高；平面图反映物体的长和宽；侧面图反映物体的高和宽。在如图 1-46（a）所示中，正面图和平面图的长度相等并对正；正面图和侧面图中的高度相等并且平齐；平面图、侧面图中的宽度相等。归纳起来就是："长对正、高平齐、宽相等"的三等关系。

3. 三面视图对物体的方位关系

在如图 1-46（b）所示中，平面图反映小屋的前后和左右。例如，从小屋的平面图可以看出，烟囱是在右后方，台阶是在中前方；正面图反映小屋的上、下和左、右，例如，烟囱在右上，台阶在中下；侧面图反映小屋的上、下和前、后，烟囱在后上方，台阶在前、下方。

第三节　形体的常见图示方法

前面讲过了投影基本知识和基本原理，用投影原理表达工程形体的图形，称为视图。结合工程实际，视图本身又有一些规定的表达方法和习惯表达方法。

一、视图

（一）六面视图

在第二节中讲的投影，只有正面投影、水平投影和侧面投影，一共是三面投影。然而，在工程上表达一个形体的形状，有时画出它的三面投影图之后，还是不能完整地表达清楚。遇到这种情况，就要考虑如何更全面地用投影方法，把形体更加完整表达清楚。如图 1-47 所示，右上角图（a）是物体的立体图，从它的上、下、左、右、前、后六个方向去看，可画出六面投影图，这里叫做"六面视图"；中间的正面投影图（b），这里称之为"主视图"；主视图右邻的侧面投影图（c），这里叫做"左视图"；主视图下边的水平投影图（d），这里称为"俯视图"；主视图左邻的投影图（e），称之为"右视图"（是从物体的右侧向左看，按投影规律画出来的投影图）；主视图上方的投影图（f）这里称为"仰视图"（是从物体的下方仰头往上看，按投影规律画出来的投影图）；左视图右侧投影图（g），这里称为"后视图"（是从物体的后方往前看，按投影规律画出来的投影图）。

（二）房屋的立面图和屋顶平面图

从六面视图的角度来分析房屋，除开活动房屋以外，破土动工兴建的房屋都没有仰视图。就房屋的视图来说，可以有五个视图。房屋的视图又有自己的名称叫法，如主视图——正立面图；左视图——左侧立面图；右视图——右侧立面图；后视图——背立面图；俯视图——屋顶平面图（屋面图）。

以指北针为基准，立面图有时以东、西、南和北为它的前缀以示方向区别，如"南立

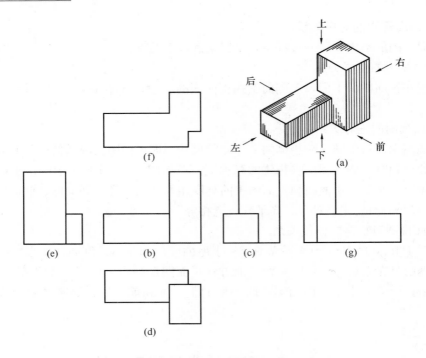

图 1-47 六面视图

(a) 六面视图；(b) 主视图；(c) 左视图；(d) 俯视图；(e) 右视图；

(f) 仰视图；(g) 后视图

面图"或"北立面图"等。但是，更为普遍的立面图名称，是以墙与柱的轴线编号为其立面图的前缀，这类注写方法将在识读建筑施工图的章节中详细讲述。房屋的立面图和屋面图，如图 1-48 所示。

（三）复合立面图

对于房屋造型和装饰对称的立面图，有时也采取简化的画法。如房屋的正立面是对称

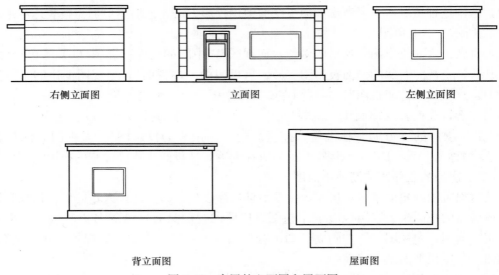

右侧立面图　　　　　　立面图　　　　　　左侧立面图

背立面图　　　　　　屋面图

图 1-48 房屋的立面图和屋面图

的，同时，房屋的背立面也是对称的，但正立面和背立面的装饰并不一样。如图 1-49 所示，根据房屋的特点，中间画有对称符号，左半部画的是正立面图，右半部画的是背立面图。

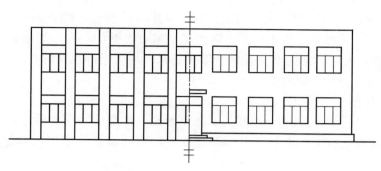

图 1-49　房屋的立面图

（四）局部视图

当物体的形状较长或较大，其构造变化只发生在局部时，可只画有变化的那一小部分。比如有一等断面的工字钢较长，它只是在一端钻有几个孔，如图 1-50 所示。这时，它的俯视图就不必全部都画出来，就只画有孔的一端局部的视图就可以了，余下的用波浪线断开就行了。

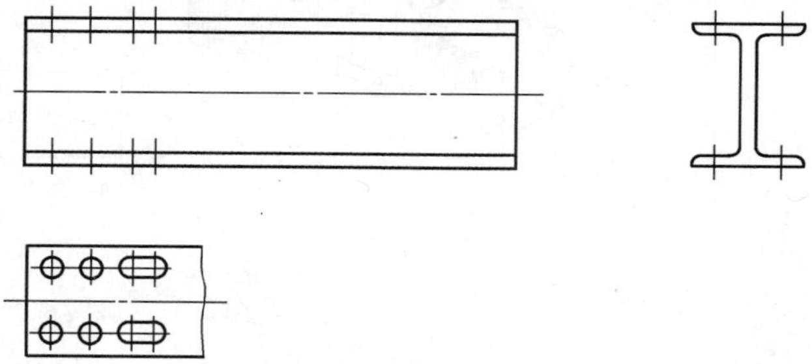

图 1-50　局部视图

（五）向视图

有了前面介绍过的六面视图，似乎对于一个复杂的形体，就能够实现完美地表达了。然而，实际上并不完全是这样的。如图 1-51 所示的左方，正立面和屋顶平面图表达的这个小建筑物，只能看清楚正面的门，而屋顶平面图表示的另两个，没有表达清楚到底是门还是窗户，具体形状如何。如果加画左侧立面、右侧立面和背立面

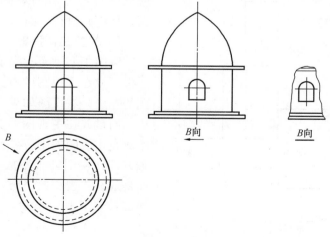

图 1-51　向视图

29

图，都不能使要表达的东西平行某一个投影面，换句话说，就是观察的方向，都不能反映实形。

为了达到实现反映实形的目的，可选择被表达部分的正前方，进行观察，并绘制投影，如图 1-51 所示左方下图中箭头指处 "B" 的方向。按照 B 的方向所画出的投影图，叫做 "B 向视图"，见图的上方中间图，看清了是带有半圆的小窗。如果只是为了表达这个小窗子的形状，大可不必把 B 向投影全都画出来，用画局部视图的方法，要省事得多。如图 1-51 所示的上方最右边的图——局部向视图。

(六) 旋转视图

如图 1-52 (a) 所示建筑物，中间为回转体圆柱和半圆球的组合形体，其两翼为长方体。但是，两翼的点划线，并不位于一条直线上。它的屋顶平面图，如图 1-52 (b) 所

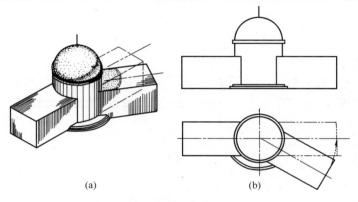

(a)　　　　　　　　　　(b)

图 1-52　旋转视图

示，可以如实地反映实际形状。但是，画立面图时，要想使左翼平行于正投影面，左翼获得投影反映实形时，右翼就倾斜于正投影面而不能反映实形。若让右翼平行于正投影面，左翼同样不能满足要求。因此，为了能使画出的立面图同时反映两翼的实形，就假想：如图 1-52 (b) 所示屋顶平面图，左翼平行正投影面不动，将右翼绕中间回转体的回转轴旋转，旋转到平行于正投影面的位置，这样就可以实现左右两翼同时平行于正投影面，从而同时在立面图上反映实形。

(七) 第三角投影

以图 1-47 所示的立体图为例，左视图如果不放在主视图的右边，而是放在主视图的左边；右视图如果不放在主视图的左边，而是放在主视图的右边；俯视图如果不放在主视图的下方，而是放在主视图的上方；仰视图如果不放在主视图的上方，而是放在主视图的下方。这样的视图位置摆法，如图 1-53 所示，叫做第三角投影。

第三角投影的要领，简单地说，就是从物体的哪个方向观察所画出的视图，就

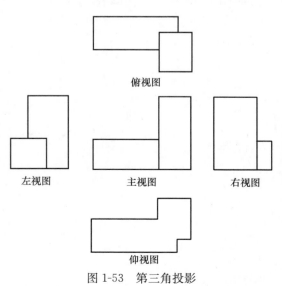

俯视图

左视图　　　　主视图　　　　右视图

仰视图

图 1-53　第三角投影

放在主视图的哪一侧（方）。

结构图常采用第三角投影，识读时注意与主视图对照。如图1-54所示小三角形钢结构，上弦杆和竖杆分别采用了第三角投影，分别画在各杆的旁边。

（八）展开视图

在工程中，有时按照物体的直接投影画出来的视图，不能施工，如图1-55所示金属件的主视图（图1-55的上方），两端各弯

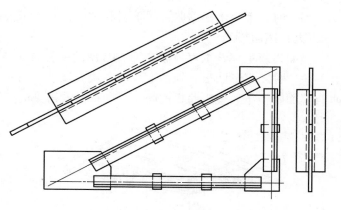

图1-54　三角形钢结构节点图

起135°和45°。为了能够表达清楚设计意图如原材料的下料和加工形状，可以假想在主视图上，把金属杆舒展摊平。图上是用假想线型——细双点划线表示展开后的主视图，然后，再根据原始主视图和展开后的主视图，画出它的俯视图。

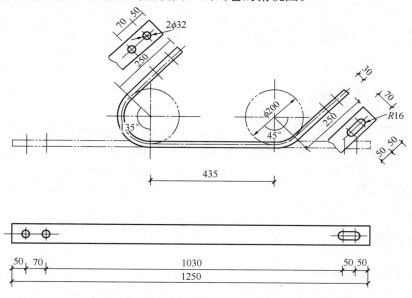

图1-55　展开视图

从主视图可以看出板厚是30mm，宽为70mm。但是，从主视图上不能直接读出板的总长。总长是由五段尺寸加起来的：左端250mm；左方弧长；中间435mm；右方弧长；右端250mm。计算弧长时，首先要把角度换算弧度：135°等于$3\pi/4$；45°等于$\pi/4$。左端弧长等于弧度乘以半径（半径为100mm）

$$3\pi/4\times100mm=236mm$$

右端弧长等于：

$$\pi/4\times100mm=79mm$$

总长为：

$$250mm+236mm+435mm+79mm+250mm=1250mm$$

31

加工时，第一步根据俯视图下料和钻孔；第二步根据原始主视图进行弯板。

（九）镜面投影

镜面投影是建筑工程顶棚装饰时常用的一种投影方法。如图 1-56 所示，空中水平悬着一块"井"字形肋板，地面上放着一块大镜子，两者间平行，假想在镜子正上方，视线垂直镜面看镜子，镜中肋板的映像，肋都是看得见的实线，如图 1-57 所示。

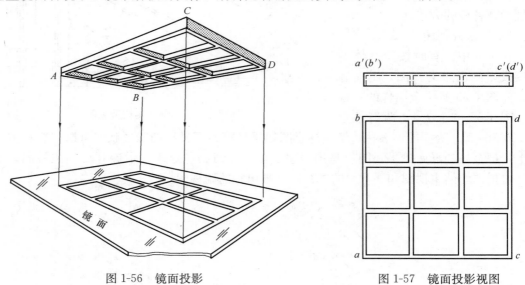

图 1-56　镜面投影　　　　　　　　　　　　图 1-57　镜面投影视图

注意镜面投影和第三角投影的区别，第三角投影的仰视图也是画在主视图的下方，图 1-56 两者投影图形状相同，若形体前后形状不对称，投影就能看出区别了。这里，注上符号来分析，A 点近，B 点远，这是镜面投影；而第三角投影则不是这样，以主视图（上方的视图）上标注的符号为准，A 点可见，B 点不可见，则第三角投影的仰视图上的 a 与 b 就调换了位置。

二、剖面图

（一）建筑材料图例

建筑材料图例是用于建筑工程图中，所绘制的剖面图或断面图的材料符号。图例中带有斜线的，其疏密度程度，随其所采用的比例大小不同而有所不同，常用建筑材料图例，见表 1-5。

部分建筑材料图例　　　　　　　　　　　　　　　　　　　表 1-5

序　号	名　　称	图　　例	说　　明
1	自然土壤		包括各种自然土壤
2	夯实土壤		
3	砂、灰土		靠近轮廓线点较密

续表

序　号	名　　称	图　　例	说　　明
4	砂砾石、碎砖三合土	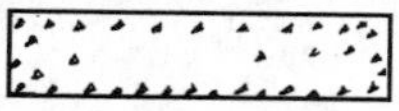	
5	天然石材	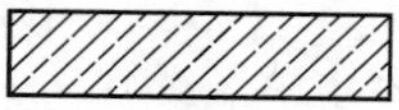	包括岩层、砌体、铺地、贴面等材料
6	毛石	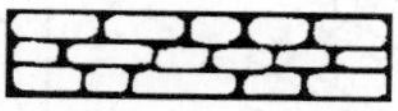	
7	普通砖	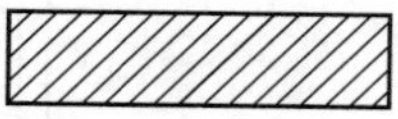	包括砌体和砌块
8	耐火砖	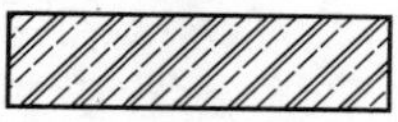	包括耐酸砖等
9	空心砖	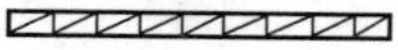	包括各种多孔砖
10	饰面砖		包括铺地砖、马赛克、陶瓷锦砖、人造大理石等
11	混凝土		承重的混凝土
12	钢筋混凝土		承重的钢筋混凝土
13	焦渣、矿渣	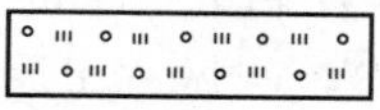	包括与水泥、石灰等混合的焦渣、矿渣
14	多孔材料		包括水泥珍珠岩、沥青珍珠岩、泡沫混凝土、非承重加气混凝土、泡沫塑料、软木等
15	纤维材料	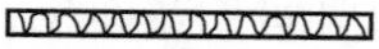	包括麻丝、玻璃棉、矿渣棉、木丝板、纤维板等
16	松散材料		包括木屑、石灰木屑、稻壳等
17	木材	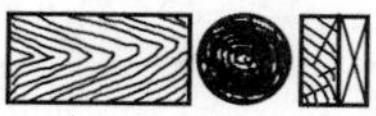	
18	胶合板	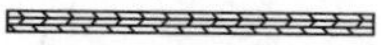	应注明几层胶合板

（二）剖面的概念

视图是对空间形体从外部观察，绘制出的图形，它不能清楚表达形体内部构造复杂的程度。剖面图是假想用一个剖切平面将形体剖切，移去介于观察者和剖切平面之间的部分，对剩余部分向投影面所作的正投影图。剖切平面通常为投影面平行面或垂直面，剖面图的形成如图1-58（a）所示，如果不切开这个构件，它里面的形状、构造、尺寸和材料，用视图是无法表达清楚的。剖切后，里边看得一清二楚，这时再对着它画出的图，就是图

1-58（b）上面的图——1-1剖面图。在俯视图两侧画有剖切符号，并注上"1"的字样。

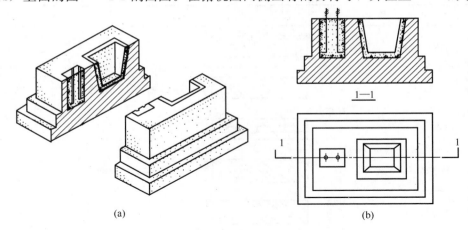

(a)

1—1

(b)

图 1-58　剖面图

（三）房屋平面图和房屋剖面图

房屋的视图——房屋的立面图和屋顶平面图，它们只能表示房屋的外貌，房屋内部的布置全然不知。要想表达房间的划分和房屋的构造，就得借用前面刚讲过的假想剖切物体的办法，才能看见房屋里面构造。

1. 房屋平面图

参看图 1-48 房屋的立面图，假想用一块水平的切割平面，在窗台以上一定距离，把房屋割切成上下两半，挪走上边的一半，在剩下一半的上方，从上往下看（如图 1-59 所示），所画出的投影图（剖切后的俯视图），叫做"房屋平面图"，简称"平面图"，如图 1-60 所示。被剖切到的承重结构（这里是墙）的轮廓线，在平面图上是粗实线。窗间墙的内墙皮和外墙皮，都是用中实线表示的。中间两条中实线表示窗子。这样一来，窗洞处共四条中实线。门洞处在平面图上，本来没有线，此处外门的门外台阶平面略低于室内地面，所以有一条线。从平面图上可以看到房间长宽面积、门窗的数目和位置、台阶及墙厚等。注意，表达平面图时是不需要在立面图旁标注剖切符号的。

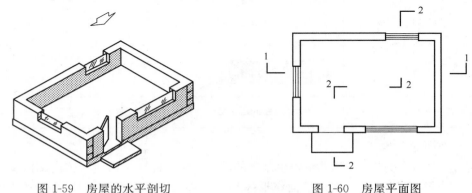

图 1-59　房屋的水平剖切

图 1-60　房屋平面图

2. 房屋剖面图

平面图上只能表示长和宽的尺寸以及水平方向的构造，却不能表达沿着高度方向的尺寸和构造。这时假想沿着房屋高度的方向进行剖切，移去一部分，画出另一部分的投影。注意首先要在如图 1-60 所示房屋平面图上，找好剖切部位，如"1、1"图上剖切符号的地方，把房子切开，挪走挡视线的一半，面对剩下的一半，如图 1-61 所示，画出它的投影，就是如图 1-62 所示的"1-1 剖面图"。

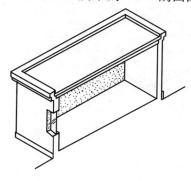

图 1-61 房屋的垂直剖切

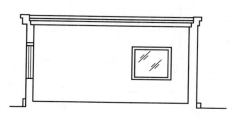

图 1-62 1-1 剖切图

同时，剖面图的画法，还可以在房屋平面图（图 1-60）上，沿着剖切符号"2、2、2、2"的"阶梯"方向切割房屋，如图 1-63 所示，前后两面墙上的门和窗，同时剖到了，然后，按"2-2"箭头所指方向看过去，画它的投影图——即如图 1-64 所示的"2-2 剖面图"。

从"1-1 剖面图"和"2-2 剖面图"中，可以看出室内外的地面高度、砌墙厚度和高度、房间宽度和高度、门窗高度及其过梁、楼板和雨篷的安放位置等高宽方向尺寸和构造。

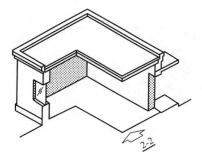

图 1-63 房屋的阶梯剖切

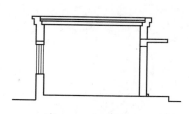

图 1-64 2-2 剖面图

3. 带有不等高窗户的房屋平面图

如图 1-65（a）所示，房屋立面图两种规格的窗户大小各一，高低不齐。它的平面图的表达，是要把两个窗户都要画出来。也就是水平切割房屋时，通过大窗户以后，再往上面向小窗户那里做个阶梯形拐弯，如图 1-65（c）所示，剖完后，从上往下看，画出它的平面图——图 1-65（b）。

（四）旋转剖面

如图 1-66 所示回转体建筑物，用一块铅垂的切割平面剖不到偏左侧的窗子时，就用两块铅垂的切割平面，其中一块剖门，另一块剖窗。两块切割平面，相交于回转体建筑物

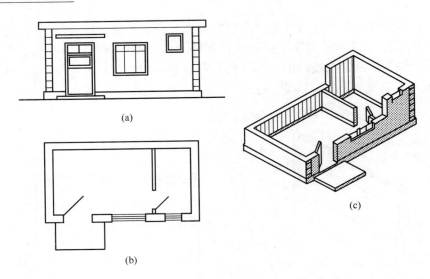

(a)

(b)

(c)

图 1-65　不等高窗户房屋平面图

(a) 立面图；(b) 平面图；(c) 房屋的水平剖切

的回转中心轴处。左侧切割平面绕轴旋转至平行侧投影面，然后，画它的侧面投影——就是"C-C 剖面图"。

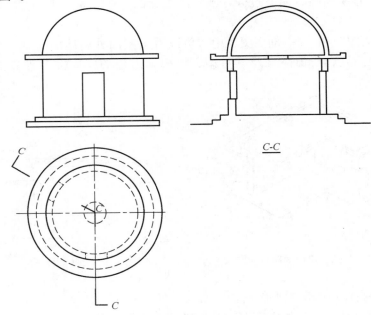

图 1-66　旋转剖面图

（五）半剖图

　　有一个烟囱基础，如图 1-67 所示。形体是对称的，如果用主视图表达高宽形状，里面的构造表达不清楚；如果用剖面图来表达，外观形貌又看不见了。假想如图 1-67 所示，将物体右前四分之一剖掉，图（a）画的是视图，图（b）画的是剖面，里外都看清楚了。这就是对于对称形体采取半剖的优点。

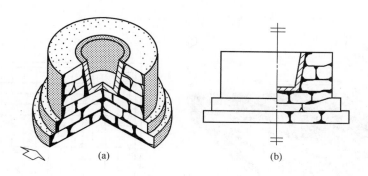

图 1-67　半剖面图

　　前面讲的是建筑构件的半剖例子。现在再举一个钢筋混凝土实心板例子，如图 1-68 所示，图（a）是立体图，图（b）是半剖图。可以看出图（b），左半是视图，制作模板用的；右半是剖面，绑扎钢筋用的。

（六）局部剖面

　　局部剖面，也叫做破碎剖面。它是假想把物体破碎一小部分，然后对着能看见的内部，画出它的投影图，就是局部剖面图。如图 1-69 所示一个小亭子，只要把它的俯视图的一小部分屋面连同一小部分墙体假想打掉，整个小亭子外貌和内部，就全都表达清楚了。

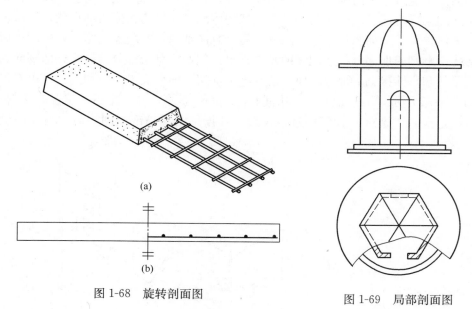

图 1-68　旋转剖面图

图 1-69　局部剖面图

（七）分层剖面

　　如图 1-70 所示的楼板的构造立体图，如果用画剖面图的方法表达多层构造也是可以做到的。但是，如果想在平面图把多层构造表达清楚，可以考虑采用如图 1-71 所示的分层剖面的方法表达。楼面表层是地板块，往下依次为胶结材料、矿渣混凝土、毡油层、隔音层、空心板、混合砂浆和涂料等。

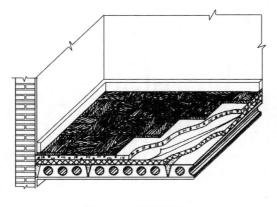

图 1-70 楼板的构造

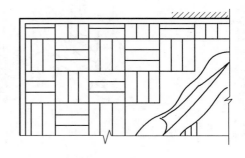

图 1-71 分层剖面图

三、断面图

(一) 断面的概念

房屋建筑中由屋架、门窗框此类杆件组成的结构构件和建筑配件,除了要知道它们的长度以外,还应了解采用什么材料和它们的宽窄、厚薄或粗细等尺寸,所用材料是用建筑材料图例符号加以表达的。

剖面图是通过假想的剖切平面把物体剖开,暴露其内部形状、构造、尺寸和材料的做法;断面图同样是通过假想的切割平面,把物体剖开,暴露物体内部形状,构造、尺寸和材料的做法。但是剖面图和断面图两者之间是有区别的,断面图只画形体被剖切后剖切平面与形体接触到的那部分,而剖面图则要画出被剖切后剩余部分的投影,即剖面图不仅要画剖切平面与形体接触的部分,而且还要画出剖切平面后面没有被切到但可以看得见的部分。如图 1-72 所示,一根地基梁,中间和两端的形状不一样。用铅垂位置的切割平面 D,把梁截断,把右半梁向 P 投影面进行投影,其投影图便是剖面图。而被截断的梁,与切

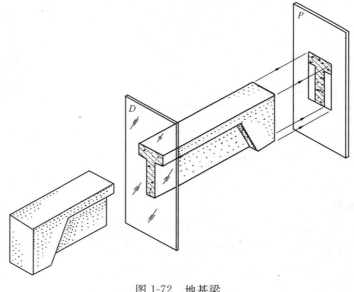

图 1-72 地基梁

割平面 D 贴合接触的局部形状，就是断面图。又如图 1-73 所示，在主视图上标注"1、1"剖面剖切符号处，截往右看，所画出的投影图，就是 1-1 剖面图。在主视图上标注"2、2"断面剖切符号处，截断梁的局部形状，就是"2-2"断面图。注意，断面图也有观看方向，数字或字母注写在哪个方向，就是向哪个方向观察。

（二）移出断面

图 1-74（a）所示是在"T"型钢筋混凝土梁上，画有一条垂直它的细点划线，对称于细点划线，画的断面图，就叫做"移出断面"。（b）图则是一对角钢的移出断面。

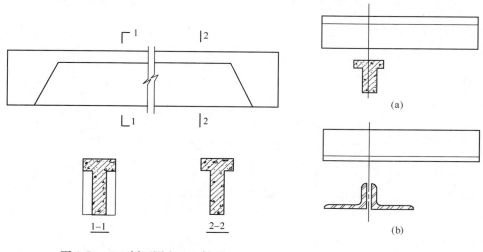

图 1-73　1-1 剖面图和 2-2 断面　　　　图 1-74　移出断面图

（三）杆件中断处断面

有时，为了便于读图，在杆件中间的断裂线或波浪线的间隙，画有断面图，如图 1-75 所示。

（四）断面的第三角投影

图 1-76（a）所示是钢屋架的中间下弦节点的立体图。从该图（b）中断面图的位置可以明白，这就是断面图的第三角投影。也就是说，从哪个方向看的形状，就把图放在哪一边。

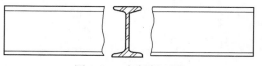

图 1-75　中断断面图

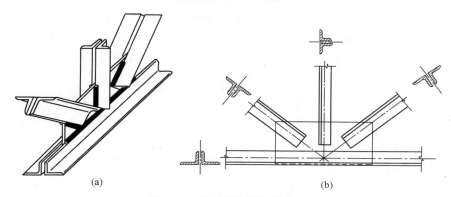

图 1-76　钢屋架中间下弦节点

（五）折倒（重合）断面

图 1-77（a）所示是在楼板平面图上，垂直剖切得到的断面图，放倒与楼板平面图重合在一起。断面图习惯涂黑（描图纸涂红笔）。图（b）是厂房屋顶平面图的折倒断面。建筑工程图中的折倒断面的轮廓线，通常用粗实线表示。图（c）是外窗线脚的折倒断面。

（六）表示断面材料的几个注意问题

（1）如图 1-78 所示，相邻两个相同材料图例，斜线方向相反，如图 1-78（b）所示；或斜线同向，但须错开，如图 1-78（c）所示；比例很小不便画材料时，则予以涂黑，如图 1-78（d）所示。

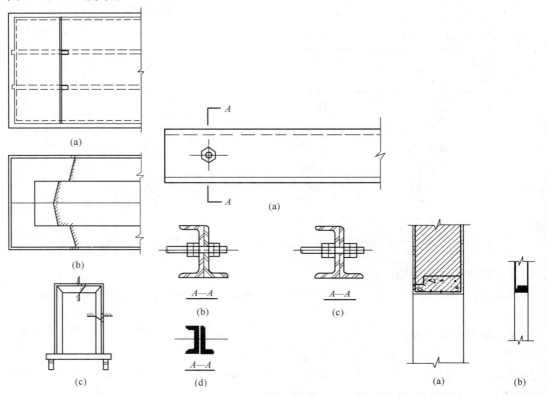

图 1-77　重合断面　　　图 1-78　断面材料注意问题（一）　　　图 1-79　断面材料注意问题（二）

（2）比例大时，如图 1-79（a）所示中砖和钢筋混凝土的材料都表示出来了；当图的比例很小时（如 1：100 或 1：200），如图 1-79（b）所示，砖墙只用粗实线表示，里面也省略的 45°斜线了；钢筋混凝土过梁，如图 1-78（d）所示一样涂黑。

思　考　题

1. 建筑构成的基本要素是什么？
2. 建筑物如何划分等级？
3. 民用建筑主要由哪些部分组成？主要作用是什么？
4. 常见的基础类型有哪些？各有何特点？
5. 按所用材料的不同墙可以分为哪些类型？

6. 现浇钢筋混凝土楼板有哪几种类型？

7. 简述阳台结构的几种布置方式。

8. 办公楼的踏步高和宽一般取多少？

9. 试述投影的基本概念和组成部分的名称。

10. 投影法有几种？正投影图有哪些特点？

11. 工程上常用的投影图有哪些？简述其含义。

12. 试述三面视图的对应关系有哪些？

13. 什么是镜像投影法？

14. 什么叫剖面图？什么叫断面图？它们有何区别？

15. 什么是全剖面图？什么是局部剖面图？它们分别应用于何种情况？

16. 在什么情况下画半剖面图？画图时有何规定？

17. 剖面和断面的标注应考虑哪些方面？

18. 断面图有几种？它们是根据什么来划分的？

第二章　识读建筑施工图

内　容　提　要

　　图样是工程界的"技术语言"，工程图符合制图规则才能满足设计、施工、存档的要求。一套完整的房屋建筑工程图由建筑施工图、结构施工图、给排水施工图、暖通空调施工图、建筑煤气和建筑电气施工图组成。建筑体量的大小和结构的复杂程度决定图纸数量的多少。本章主要介绍工程制图的一般规定、建筑工程图基本知识以及识读建筑总平面图、建筑平面图、立面图、剖面图和建筑详图等。

第一节　工　程　图　概　述

　　为了使工程制图规格基本统一，图面清晰简明，保证图面质量，符合设计、施工、存档的要求，学员必须熟悉和掌握《房屋建筑制图统一标准》GB/T 50001—2010、《建筑结构制图标准》GB/T 50105—2001、《建筑给水排水制图标准》GB/T 50106—2010、《暖通空调制图标准》GB/T 50114—2010 等制图国家标准（简称国标），其中工程图样的内容、格式、画法、尺寸标注、技术要求、图例符号等，都有统一的规定。

一、工程制图的一般规定

（一）图纸幅面规格

1. 图纸幅面尺寸

　　图纸幅面即图纸本身的大小规格，绘制图样时，应根据图样的大小来选择图纸的幅面，表 2-1 是"国标"中规定的图纸幅面尺寸，必要时可沿长边加长，但加长的尺寸必须按照国标 GB/T 50001—2010 的规定。

幅面及图框尺寸（单位：mm）　　　　　　　　　　　　　　表 2-1

尺寸代号＼幅面代号	A0	A1	A2	A3	A4
$b \times l$	841×1189	594×841	420×594	297×420	210×297
c	10			5	
a	25				

2. 图框格式

　　无论图样是否装订，均应在图纸内画出图框，图框线用粗实线绘制，需要装订的图样，其格式如图 2-1（a）所示。为了复制或缩微摄影的方便，可采用对中符号，对中符号是从周边画入图框内约 5mm 的一段粗实线，如图 2-1（b）所示。

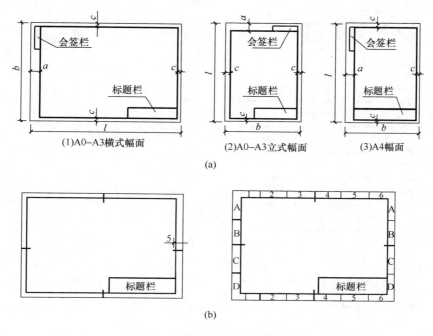

(1)A0-A3横式幅面　　(2)A0-A3立式幅面　　(3)A4幅面

(a)

(b)

图 2-1　图框格式及标题栏位置

3. 标题栏和会签栏

在每张图纸的右下角均应有标题栏，标题栏的位置应按图 2-2（a）所示的方式配置。标题栏的具体格式、内容和尺寸可根据各设计单位的需要而定，图 2-2（a）所示标题栏的格式可供读者参考。

(a)　　　　　　　　　　　　　　　(b)

图 2-2　标题栏和会签栏

会签栏是图纸会审后签名用的。会签栏的格式如图 2-2（b）所示，栏内填写会签人员所代表的专业、姓名、日期。一个会签栏不够用时，可另加一个，两个会签栏应并列。不需会签的图纸，可不设会签栏。

（二）图线

画在图纸上的线条统称图线。在绘制工程图样时，为了表示图中不同的内容，必须使用不同类型的图线。表 2-2 列出了工程图样中常用的线型的名称和一般用途。每个图样应根据其复杂程度及比例，选用适当的线宽，比例较大的图样选用较宽的图线。粗线的宽度 b 可在 0.35mm、0.5mm、0.7mm、1.0mm、1.4mm、2.0mm 中选取。

工程图样中常用的线型的名称和一般用途　　　　　表 2-2

名　称		线　型	线　宽	一　般　用　途
实　线	粗	————————	b	主要可见轮廓线
	中	————————	$0.5b$	可见轮廓线
	细	————————	$0.25b$	可见轮廓线、图例线
虚　线	粗	━ ━ ━ ━ ━ ━	b	见各有关专业制图标准
	中	– – – – – – –	$0.5b$	不可见轮廓线
	细	- - - - - - - -	$0.25b$	不可见轮廓线、图例线
单点长划线	粗	━ · ━ · ━ · ━	b	见各有关专业制图标准
	中	– · – · – · –	$0.5b$	见各有关专业制图标准
	细	– · – · – · –	$0.25b$	中心线、对称线等
双点长划线	粗	━ ·· ━ ·· ━	b	见各有关专业制图标准
	中	– ·· – ·· –	$0.5b$	见各有关专业制图标准
	细	– ·· – ·· –	$0.25b$	假想轮廓线、成型前原始轮廓线
折断线		——／＼——	$0.25b$	断开界线
波浪线		～～～～	$0.25b$	断开界线

（三）字体

图样中书写的汉字、数字、字母必须做到：字体端正、笔划清楚、排列整齐、间隔均匀。各种字体的大小要选择适当。字体大小分为 20、14、10、7、5、3.5 六种号数，字体的号数即字体的高度（单位：mm）。

1. 汉字

图样上的汉字采用国家公布实施的简化汉字，并宜写成长仿宋字。

2. 数字和字母

数字和字母有直体和斜体两种，图样上宜采用斜体字体。斜体字字头向右倾斜，与水平线约成 75°角。

长仿宋字体的示例如

工业民用建筑厂房屋平立剖面详图

结构施说明比例尺寸长宽高厚砖瓦

木石土砂浆水泥钢筋混凝截校核梯

斜体字的示例如

1234567890Φαβγ

ABCDEFGHIJKLM

NOPQRSTUVWXYZ

abcdefghijklmnopqr

stuvwxyz

（四）比例

图样中的图形与实物相对应的线性尺寸之比称为比例。

工程图样所使用的各种比例，应根据图样的用途与所绘物体的复杂程度进行选取。国标规定绘制图样时一般应采用表 2-3 中规定的比例，并优先选用表中的常用比例。图样不论放大或缩小，在标注尺寸时，应按物体的实际尺寸标注。每张图样均应填写比例，如"1∶1"、"1∶100"等。

绘图所用的比例   表 2-3

常用比例	1∶1、1∶2、1∶5、1∶10、1∶20、1∶50、1∶100、1∶200、1∶500、1∶1000、1∶2000、1∶5000、1∶10000、1∶20000、1∶50000、1∶100000、1∶200000
可用比例	1∶3、1∶4、1∶6、1∶15、1∶25、1∶30、1∶40、1∶60、1∶80、1∶250、1∶300、1∶400、1∶600

（五）尺寸标注

图样上除了画出建筑物及其各部分的形状外，还必须准确地、详尽地和清晰地标出尺寸，以确定其大小，作为施工时的依据。建筑物的真实大小应以图样上所注的尺寸数值为依据，与图形的大小及绘图的准确度无关。图样中的尺寸以 mm 为单位时，不需标注计量单位的代号或名称。尺寸标注是一项十分重要的工作，必须认真仔细，准确无误。尺寸由尺寸线、尺寸界线、尺寸起止符号和尺寸数字四部分组成，如图 2-3 所示。

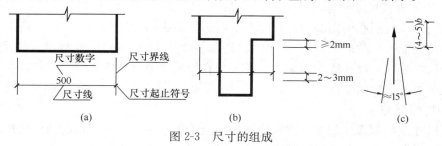

图 2-3　尺寸的组成

标注尺寸注意以下几点：

1. 尺寸线

用细实线绘制，图样中的其他图线（如轮廓线、对称中心线等）一律不能用来代替尺寸线。

2. 尺寸界线

用细实线绘制，图样中的轮廓线、轴线或对称中心线等也可用来作为尺寸界线。

3. 尺寸起止符号

表示尺寸起止符号有两种：一种是标注线性尺寸时用中粗短实线绘制，倾斜方向为沿着尺寸界线顺时针旋转 45°，其长度约为 2mm，见图 2-3。另外一种是在标注角度尺寸、半径和直径尺寸时用箭头表示，尺寸箭头的画法见图 2-3 (c)。

4. 尺寸数字

尺寸数字应根据其读数方向，在靠近尺寸线的上方中部注写，如没有足够的位置，中间相邻的各种尺寸数字可错开注写，也可引出注写，最外侧的尺寸数字可在尺寸界线的外侧注写，如图 2-4 所示。

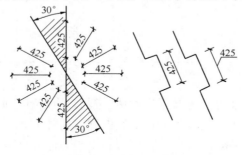

图 2-4 尺寸数字的注写方式（单位：mm）

注写尺寸数字时，数字的方向应按如图 2-5 所示的规定注写。阴影线所画的 30°区域内尽量避免注写尺寸数字。

5. 尺寸的排列与布置

尺寸宜注写在图样轮廓线以外，尽量避免与其他尺寸线、图线、数字、文字及符号相交，任何图线不得穿过尺寸数字。不可避免时，应将尺寸数字处的图线断开，如图 2-6 所示。排列互相平行的尺寸线时应从图样轮廓线向外排列，先是较小的尺寸线，后是较大的尺寸线或是总尺寸的尺寸线。互相平行的尺寸线，间距尽量一致，为 7～10mm。

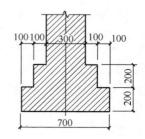

图 2-5 尺寸数字的注写方向（单位：mm）　　图 2-6 尺寸排列方式（单位：mm）

6. 半径、直径尺寸的标注

半径尺寸线自圆心引向圆周，只画一个箭头，箭头的画法如图 2-7 (a) 所示。半径尺寸的数字前应加符号 "R"，半径尺寸的注法如图 2-7 (b) 所示。直径尺寸线通过圆心，以圆周为尺寸界线，尺寸线的两端画上箭头，直径尺寸数字前应加符号 "ϕ"，直径尺寸的注法见图个 2-7 (c) 所示。

7. 角度的标注

角度尺寸线以圆弧线表示，圆弧线的圆心应是该角度的顶点，角的两个边作为尺寸界线，起止符号用箭头。角度尺寸数字一律水平书写，如图 2-8 所示。

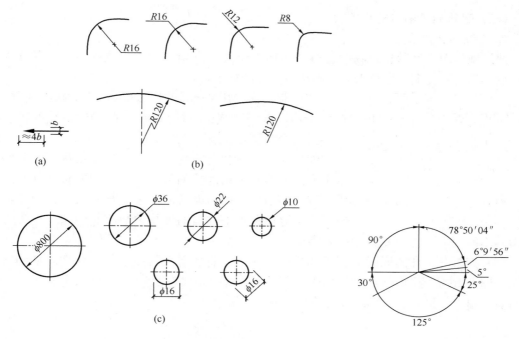

图 2-7　半径、直径尺寸的注法　　　　　图 2-8　角度尺寸的注法

二、建筑工程图的基本规定

（一）房屋施工图的分类

在建造一幢房屋之前，首先必须画出该房屋的全套设计图纸，这套图纸主要包括以下几部分内容：

1. 图纸目录和施工总说明

图纸目录包括：全套图纸中每张图纸的名称、内容、图号等。施工总说明包括：工程概况、建筑标准、载荷等级。如果是地震区，还应有抗震要求以及主要施工技术和材料要求等。对于较简单的房屋，图纸目录和施工总说明可以放在"建筑施工图"中的"总平面图"内。

2. 建筑施工图

由建筑总平面图、建筑平面图、建筑立面图、建筑剖面图、建筑详图等组成。

3. 结构施工图

由基础平面图、楼层结构平面图、结构构件详图等组成。

4. 设备施工图

由给水、排水施工图，采暖、通风施工图，电气施工图。

（二）房屋施工图图纸图号编排方法

为了图纸的保存和查阅，必须对每张图纸进行编号。房屋施工图按照建筑施工图、结构施工图、设备施工图分别分类进行编号。如在建筑施工图中分别编写出"建施1"、"建施2"……在结构施工图中分别编写"结施1""结施2"……在设备施工图中分别编写"设施1"、"设施2"……

（三）建筑施工图中的有关规定

1. 定位轴线及编号

建筑施工图中表示建筑物的主要结构构件位置的点划线称为定位轴线。它是施工定位、放线的重要依据，定位轴线的画法及编号的规定是：

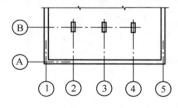

图 2-9 定位轴线及编号

（1）定位轴线用单点长划线表示，端部画细实线圆，直径 8～10mm 定位轴线圆的圆心应在定位轴线的延长线上，圆内注明编号。如图 2-9 所示。

（2）为了看图和查阅的方便，定位轴线需要编号。沿水平方向的编号采用阿拉伯数字，从左向右依次注写；沿垂直方向的编号，采用大写的拉丁字母，从下向上依次注写。为了避免和水平方向的阿拉伯数字相混淆，垂直方向的编号不能用 I、O、Z 这三个拉丁字母。

（3）如果一个详图同时适用于几根轴线时，应将各有关轴线的编号注明，如图 2-10 所示。图 2-10 中的图（a）表示用于两根轴线，图（b）表示用于三根以上的轴线，图（c）表示用于三根以上连续编号的轴线。

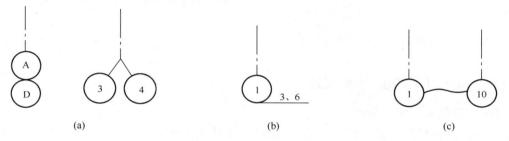

图 2-10 轴线编号的标注

（4）对于次要位置的确定，可以采用附加定位轴线的编号，编号用分数表示。分母表示前一根轴线的编号，分子表示附加轴线的编号，编号宜用阿拉伯数字顺序编写。如图 2-11 所示。图 2-11（a）表示在 3 号轴线之后附加的第一根轴线；图 2-11（b）表示在 B 轴后附加的第三根轴线。

2. 标高

建筑物中的某一部位与所确定的水准基点的高差称为该部位的标高。在图纸中，为了标明某一部位的标高，我们用标高符号来表示。标高符号用细实线画出，如图 2-12（a）所示。标高符号为一等腰直角三角形，三角形的高为 3mm。三角形的直角尖角指向需要标注部位，长的横线之上或之下注写标高的数字。标高以 m 为单位。标高数字在单体建筑物的建筑施工图中注写到小数点后的第三位，在总平面图中注写到小数点后的第二位。零点的标高注写成 ±0.000，负数标高数字前必须加注"—"号，正数标

图 2-11 附加轴线的标注

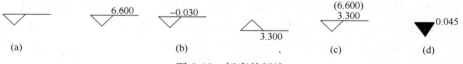

图 2-12 标高的标注

高数字前不加注任何符号，如图 2-12（b）所示。

如需要同时标注几个不同的标高时，其标注方法如图 2-12（c）所示。总平面图中和底层平面图中的室外平整地面标高符号用涂黑三角形表示，三角形的尺寸同前，不加一长横线，标高数字注写在右上方或写在右面和上方均可，如图 2-12（d）所示。标高有绝对标高和相对标高两种。一般在总平面图上标注绝对标高，其他各图均标注相对标高，两者之间的关系可从总平面图或总说明中查阅。

绝对标高（亦称海拔高度）：我国把青岛附近黄海的平均海平面定为绝对标高的零点，其他各地的标高都以它作为基准。

相对标高：在建筑物的施工图中，如果都用绝对标高，不但数字繁琐，而且不易得出各部分的高差。因此，除了总平面图外，一般都采用相对标高，即把底层室内主要地坪标高定为相对标高的零点，再由当地附近的水准点（绝对标高）来测定拟建建筑物底层地面的标高。

3. 指北针和风向频率玫瑰图

（1）指北针在底层平面图上应画上指北针符号。指北针一般用细实线画一直径为 24mm 的圆，指北针尾端的宽度宜为圆的直径 1/8，约 3mm，如图 2-13 所示。

图 2-13　指北针

（2）风向频率玫瑰图（简称风玫瑰图）

风玫瑰图是根据某一地区多年平均统计的各个方向吹风次数的百分数值，一般用 8 个或 16 个方位表示并按一定比例绘制。风玫瑰图上所表示的风的吹向是指从外面吹向该地区中心的。在建筑总平面图上，通常应按当地的实际情况绘制风玫瑰图。全国各主要城市的风玫瑰图请参阅《建筑设计资料集》。如图 2-14 所示画出了北京、上海的风玫瑰图。实线——全年风向频率；虚线——夏季风向频率，按 6、7、8 三个月统计。有的总平面图上只画指北针而不画风玫瑰图。

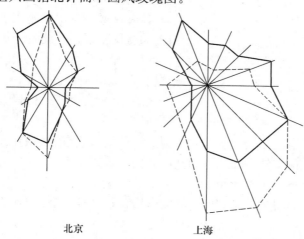

北京　　　　　　　上海

图 2-14　风玫瑰图

4. 详图索引符号和详图符号

表示详图与基本图、详图与详图之间关系的一套符号，称为索引符号与详图符号，亦称为索引标志与详图标志。

　　图纸中某局部结构如需要画出详图，应以索引符号引出，即在需要画出详图的部位编上索引符号，并在所画的详图上画上详图符号，两者必须对应一致，以便看图时查找相互有关的图纸。索引符号的画法是在需要画详图的部位用细实线画出一条引出线，引出线的一端用细实线画一个直径为 10mm 的圆，上半圆内的数字表示详图的编号，下半圆内的符号或数字表示详图所在的位置，或者详图所在的图纸编号。如图 2-15（a）所示表示详图就在本张图纸内；图 2-15（b）所示表示详图在编号为 5 的图纸内；图 2-15（c）所示表示详图采用的是标准图册编号为 J103 的标准详图，详图在图纸编号为 3 的图纸中。

　　当索引的详图是局部剖面（或断面）的详图时，应在被剖切的部位绘制一短粗实线表示剖切位置线，并以引出线引出索引符号，引出线所在一侧为投影方向，如图 2-16 所示。

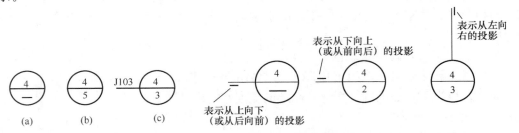

图 2-15　索引符号的画法　　　　　　　图 2-16　局部剖面的索引标志画法

　　详图符号的画法在画出的详图上，必须标注详图符号。详图符号是用粗实线画出一直径为 14mm 的圆，圆内注写详图的编号。若所画详图与被索引的图样不在同一张图纸内，可用细实线在详图符号内画一水平直径，上半圆注写详图编号，下半圆注写被索引的详图所在图纸的编号，如图 2-17 所示。

图 2-17　详图符号的画法

5．一些常用术语的含义

　　在阅读或绘制房屋施工图时，经常会碰到建筑上的常用术语，对此我们作一点简单的解释。

　　（1）开间：指一间房屋两条横向轴线间的距离。

　　（2）进深：指一间房屋两条纵向轴线间的距离。

　　（3）层高：楼房本层楼面（或地面）到上一层楼面垂直方向的尺寸。

　　（4）埋置深度：指室外设计地面到基础底面的垂直距离。

　　（5）地坪：多指室外自然地面。

　　（6）红线：规划部门批给建设单位的占地面积，一般用红笔画在图纸上，产生法律效力。

（四）房屋施工图的图示特点

　　（1）施工图中的各种图样是按正投影方法绘制的。在水平投影面（H 面）上画出的是平面图，在正投影面（V 面）上画出的为立面图，在侧投影面（W 面）上画出的是剖面图或侧立面图。在图纸幅面大小允许的情况下，可以将平面图、立面图、剖面图或侧立面图按投影关系画在同一张图纸上，如果图纸幅面过小，则平、立、剖或侧立面图可以分别单独画出。

（2）由于房屋的尺寸都比较大，所以施工图都采用较小的比例画出，而对于房屋内部比较复杂的结构，则采用较大比例的详图画出。

（3）由于房屋的构、配件和材料种类较多，为了作图的简便起见，"国家标准"中规定了用一些图形符号来代表一些常用的构配件、卫生设备、建筑材料，这种图形符号称为"图例"。

第二节 识读建筑总平面图及首页图

一、建筑总平面图的形成和内容

建筑总平面图（简称总平面图），是表示新建房屋与周围总体情况的图纸，它是在画有等高线或加上坐标方格网的地形图上，画上原有的和拟建的房屋的外轮廓的水平投影图。

平面图反映出建筑物的平面形状、位置、朝向、相互关系和周围地形、地物的关系。对一些简单的工程，总平面图可不画出等高线。等高线就是在总平面图中用细实线画出地面上标高相同处的位置，并注上标高的数值。如图 2-18 所示是一幢宿舍楼的总平面图。

总平面图是新建房屋施工定位、土方工程和其他专业（如给水排水、供暖、电气及煤气等工程）的管线总平面图和施工总平面图设计布置的依据。

（一）总平面图的主要内容

（1）新建的建筑物的名称、层数、室内外地面的标高、新建房屋的朝向等。

（2）新建房屋的位置。总平面图中应详细地绘出其定位方式，新建建筑物的定位方式有三种：第一种利用新建建筑物和原有建筑物之间的距离定位。第二种是利用施工坐标确定新建建筑物的位置。第三种是利用新建建筑物与周围道路之间的距离确定新建建筑物的位置。

（3）新建的道路、绿化场地、管线的布置等。因总平面图所反映的范围较大，常用的比例为 1:500、1:1000、1:2000、1:5000 等。

（4）原有房屋的名称、层数以及与新建房屋的关系，原有的道路、绿化及管线情况。

（5）将来拟建的建筑物、道路及绿化等。

（6）指北针、风玫瑰图等。

（7）规划红线的位置。建筑物、道路与规划红线的关系及其坐标。

（8）周围的地形、地貌等。如地形变化大，应画出相应的等高线。

（二）图例

阅读总平面图之前，必须了解图上一些图例符号的含义，这部分内容请参阅《总图制图标准》GB/T 50103—2010 中总平面图图例，表 2-4 给出总平面图部分图例。

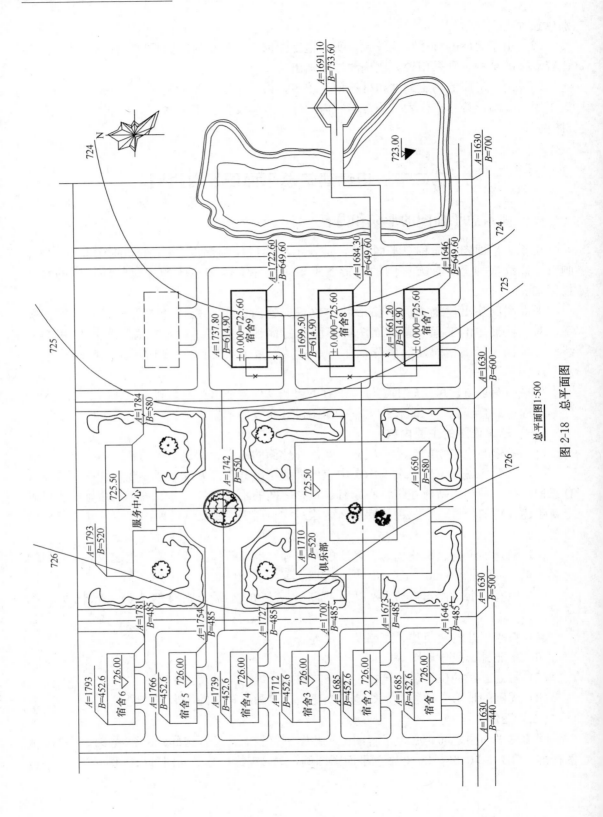

总平面图1:500

图 2-18 总平面图

二、识读建筑总平面图

总平面图图例 GB/T 50103—2010 　　　　　　　表 2-4

序号	名　称	图　例	说　明
1	新建建筑物	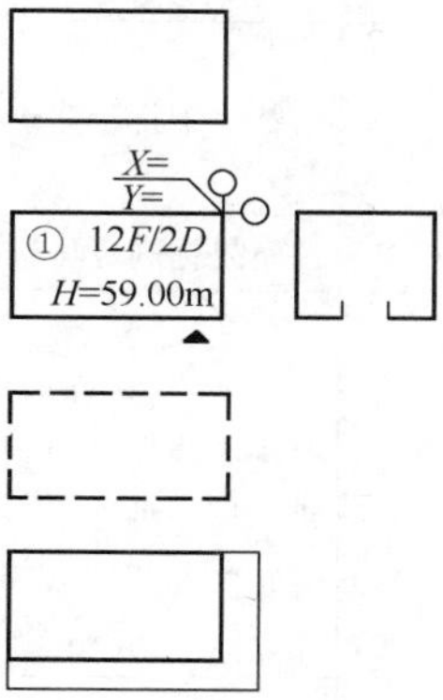 $X=$ $Y=$ ① 12F/2D H=59.00m	1. 新建建筑物以粗实线表示与室外地坪相接处±0.00外墙定位轮廓线； 2. 建筑物一般以±0.00高度处的外墙定位轴线交叉点坐标定位，轴线用细实线表示，并表明轴线号； 3. 根据不同设计阶段标注建筑编号，地上、地下层数，建筑高度，建筑出入口（同一图纸用一种表示方法）； 4. 地下建筑物以粗虚线表示轮廓；建筑上部外挑建筑用细实线表示，上部连廊用细虚线表示并标注位置
2	原有建筑物	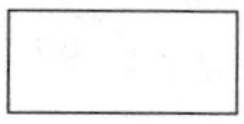	用细实线表示
3	计划扩建的预留地或建筑物		用中粗虚线表示
4	拆除的建筑物	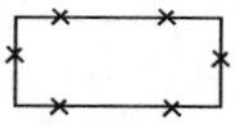	用细实线表示
5	建筑物下面的通道	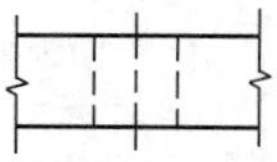	—
6	挡土墙	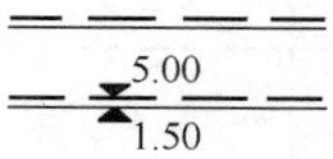 5.00 ▽ 1.50	挡土墙根据不同设计阶段的需要标注 墙顶标高 墙底标高
7	围墙及大门	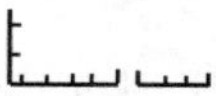	—
8	坐标	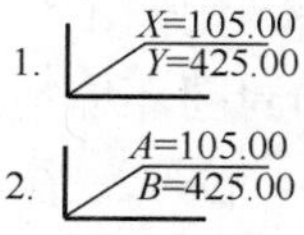 1. X=105.00 Y=425.00 2. A=105.00 B=425.00	1. 表示地形测量坐标系； 2. 表示自设坐标系； 坐标数字平行于建筑标注
9	方格网交叉点标高	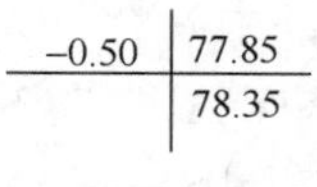 −0.50 ∣ 77.85 78.35	78.35为原地面标高； 77.85为设计标高； −0.50为施工高度； —表示挖方（＋表示填方）
10	填方区、挖方区、未整平区及零点线	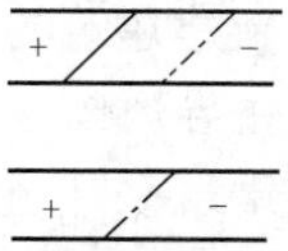 ＋ / ＋ /	＋表示填方区； —表示挖方区； 中间为未整平区； 单点长画线为零点线

续表

序号	名　称	图　例	说　明
11	填挖边坡	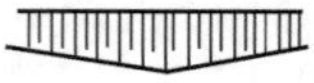	—
12	洪水淹没线	- - - - - - -	洪水最高水位以文字标注
13	室内地坪标高	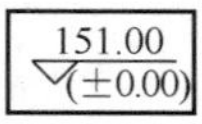 $\underline{151.00}$ (± 0.00)	数字平行于建筑物书写
14	室外地坪标高	▼ 143.00	室外标高也可采用等高线表示
15	新建道路	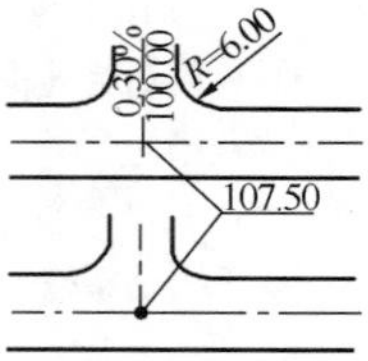 $R=6.00$ 107.50	"$R=6.00$" 表示道路转弯半径；"107.50" 为道路中心线交叉点设计标高，两种方式均可，同一图纸采用一种方式表示；"100.0" 为变坡点之间的距离；"0.30%" 表示道路坡度；"→" 表示坡向
16	原有道路		—
17	计划扩建道路	 - - - -	—
18	拆除的道路	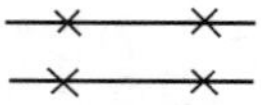 ×　　× ×　　×	—
19	桥梁	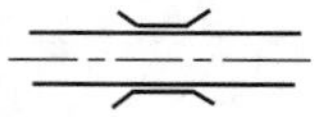 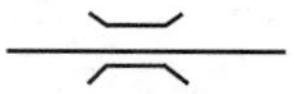	1. 上图为公路桥，下图为铁路桥； 2. 用于旱桥时应注明
20	常绿针叶乔木	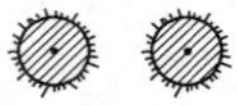	—

如图 2-18 所示某单位宿舍楼总平面图为例说明识读建筑总平面图的方法。

（1）了解图名、比例。该施工图为总平面图，比例 1：500。

（2）了解工程性质、用地范围、地形地貌和周围环境情况。从图中可知，本次新建 3 栋住宅楼（粗实线表示），编号分别是 7、8、9，位于一住宅小区，建造层数都为 6 层。新建建筑右面是一小池塘，池塘上有一座小桥，过桥后有一六边形的小厅。新建建筑左面为一层俱乐部（已建建筑，细实线表示），俱乐部中间有一天井。俱乐部后面是服务中心，服务中心和俱乐部之间有一花池，花池中心的坐标 $A=1742$m，$B=550$m。已建成的 6 栋 6 层住宅楼在俱乐部右面。计划扩建一栋住宅楼（虚线表示）在新建建筑前面。

（3）了解建筑的朝向和风向。从图中可知，新建建筑的方向坐北朝南。图中右上方带指北针的风玫瑰图，表示该地区全年以东南风为主导风向。

（4）了解新建建筑的准确位置。图中新建建筑采用建筑坐标定位方法，坐标网格 100m×100m，所有建筑对应的两个角全部用建筑坐标定位，从坐标可知原者建筑和新建建筑的长度和宽度。如服务中心的坐标分别是 $A=1793$、$B=520$ 和 $A=1784$、$B=580$，表示服务中心的长度为（$580-520$）$m=60m$，宽度为（$1793-1784$）$m=9m$。新建建筑中 7 号宿舍的坐标分别为 $A=1661.20$、$B=614.90$ 和 $A=1646$、$B=649.60$，表示该新建建筑的长度为（$649.6-614.9$）$m=34.70m$，宽度为（$1661.20-1646$）$m=15.20m$。

三、首页图

首页图是建筑施工图的第一张图纸，主要内容包括图纸目录、施工总说明、工程做法、门窗表。图纸目录说明工程有哪几类专业图样组成，各专业图样的名称、张数和图纸顺序，以便查阅图样。施工总说明是对图样中无法表达清楚的内容用文字加以详细的说明，其主要内容有：建筑工程概况、建筑设计依据、所选用的标准图集的代号、建筑装修、构造的要求。规模小的工程可以将总平面图和首页图合并在一起，形成第一张建筑施工图。

第三节　识读建筑平面图

一、建筑平面图的形成

建筑平面图是用一个假想的水平剖切平面沿略高于窗台的位置水平剖切房屋，移去上面部分，将剩余部分向水平面做正投影，所得的水平剖面图，称为建筑平面图，简称平面图。建筑平面图反映新建建筑的平面形状、房间的位置、大小、相互关系、墙体的位置、厚度、材料、柱的截面形状与尺寸大小，门窗的位置及类型。建筑平面图是施工时定位放线、砌墙、安装门窗、室内外装修及编制工程预算的重要依据。

多层建筑的平面图一般由底层平面图、标准层平面图、顶层平面图组成。一般情况下，房屋有几层，就应画几个平面图，并在图的下方注写相应的图名，如底层平面图、二层平面图等。但当建筑的二层至顶层之间的楼层，其构造、布置情况基本相同，画一个平面图即可，将这种平面图称之为中间层（或标准层）平面图。另外还有屋顶平面图，屋顶平面图是从建筑物上方向下所做的平面投影，主要是表明建筑物屋顶上的布置情况和屋顶排水方式。

平面图按剖面图的图示方法绘制，即被剖切平面剖切到的墙、柱等轮廓线用粗实线表示，未被剖切到的部分如室外台阶、散水、楼梯以及尺寸线等用细实线表示，门的开启线用中实线表示。建筑平面图常用的比例是 $1:50$、$1:100$ 或 $1:200$，其中 $1:100$ 使用最多。在建筑施工图中，比例小于 $1:50$ 的平面图、剖面图，可不画出抹灰层，但宜画出楼地面、屋面的面层线；比例大于 $1:50$ 的平面图、剖面图应画出抹灰层、楼地面、屋面的面层线，并宜画出材料图例；比例等于 $1:50$ 的平面图、剖面图宜画出楼地面、屋面的面层线，抹灰层的面层线应根据需要而定；比例为 $1:100\sim1:200$ 的平面图、剖面图可画简化的材料图例（如砌体墙涂红、钢筋混凝土涂黑等），但宜画出楼地面、屋面的面层线。

二、建筑平面图的内容

1. 建筑平面图的图例符号
建筑平面图是用图例符号表示的，这些图例符号应符合《建筑制图标准》GB/T

50104—2010 的规定，因此应熟悉常用的图例符号。部分图例见表 2-5。

建筑构造及配件图例

表 2-5

序号	名 称	图 例	说 明
1	楼梯	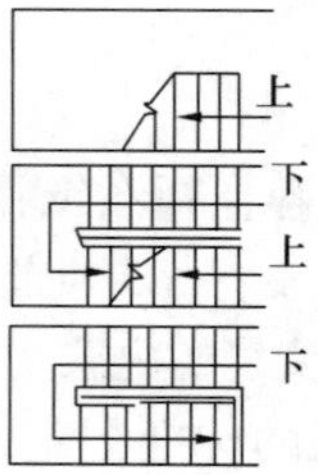	1. 上图为底层楼梯平面，中图为中间层楼梯平面，下图为顶层楼梯平面； 2. 楼梯及栏杆扶手的形式和梯段踏步应按实际情况绘制
2	坡道	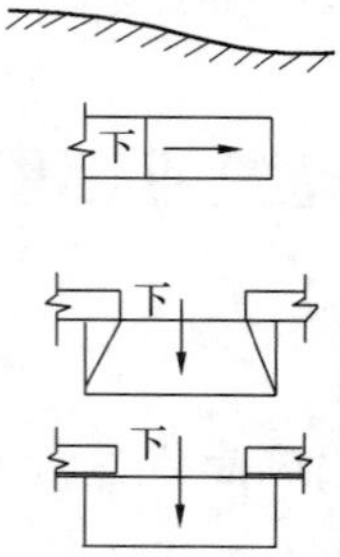	上图为长坡道，下图为门口坡道
3	平面高差	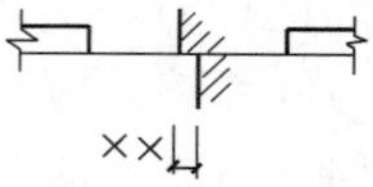	适用于高差小于 100mm 的两个地面或楼面相接处
4	检查孔	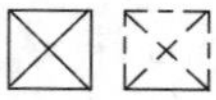	左图为可见检查孔； 右图为不可见检查孔
5	孔洞		阴影部分可以涂色代替
6	坑槽	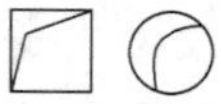	
7	墙预留洞	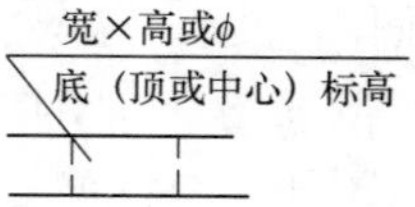 宽×高或φ 底（顶或中心）标高	1. 以洞中心或洞边定位； 2. 宜以涂色区别墙体和留洞位置
8	墙预留槽	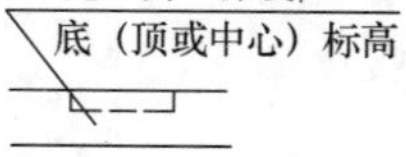 宽×高×深或φ 底（顶或中心）标高	

续表

序号	名 称	图 例	说 明
9	烟道	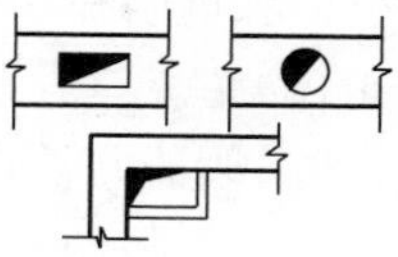	1. 阴影部分可以涂色代替； 2. 烟道与墙体同一材料，其相接处墙身线应断开
10	通风道	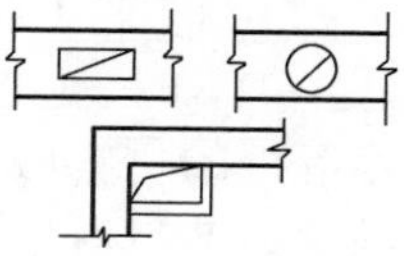	
11	空门洞	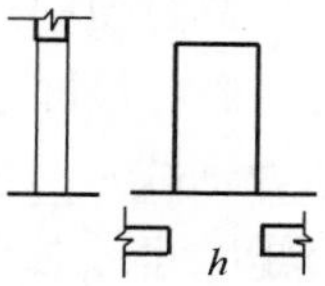	h 为门洞高度
12	单扇门（包括平开或单面弹簧）	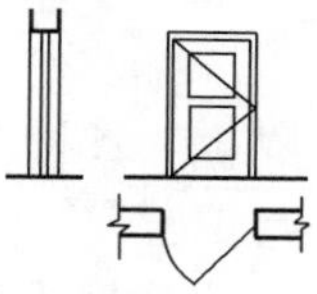	
13	双扇门（包括平开或单面弹簧）	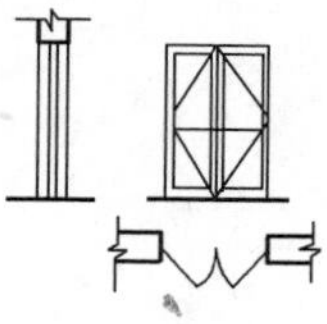	1. 门的名称代号用 M； 2. 图例中剖面图左为外、右为内，平面图下为外、上为内； 3. 立面图上开启方向线交角的一侧为安装合页的一侧，实线为外开，虚线为内开； 4. 平面图上门线应 90°或 45°开启，开启弧线应绘出； 5. 立面图上的开启线在一般设计图中可不表示，在详图及室内设计图中应表示； 6. 立面形式应按实际情况绘出
14	对开折叠门	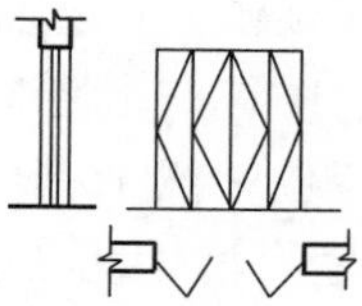	
15	墙外单扇推拉门	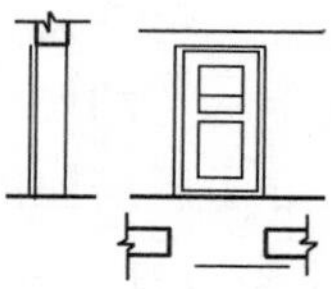	
16	墙外双扇推拉门	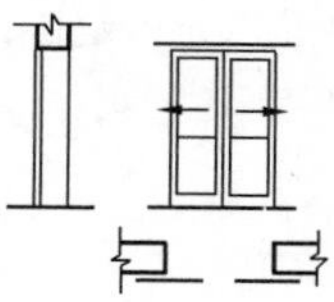	

2. 建筑平面图的主要内容

（1）建筑物平面的形状及总长、总宽等尺寸，了解建筑物的规模和占地面积。

（2）建筑物内部各房间的名称、尺寸、大小、承重墙和柱的定位轴线、墙的厚度、门窗的宽度等，以及走廊、楼梯（电梯）、出入口的位置。

（3）各层地面的标高。一层地面标高定为±0.000，并注明室外地坪的绝对标高，其余各层均标注相对标高。

（4）门、窗的编号、位置、数量及尺寸。一般图纸上还有门窗数量表用以配合说明。

（5）室内的装修做法。如地面、墙面及顶棚等处的材料做法。较简单的装修用文字直接注明在平面图内；较复杂的工程应另列房间明细表及材料做法表。

（6）标注出建筑物及其各部分的平面尺寸。在平面图中，一般标注三道外部尺寸。最外面一道尺寸为建筑物的总长和总宽，表示外轮廓的总尺寸，又称外包尺寸；中间一道为房间的开间及进深尺寸，表示轴线间的距离，称为轴线尺寸；里面一道尺寸为门窗洞口、墙厚等尺寸，表示各细部的位置及大小，称为细部尺寸。对于底层平面图，还应标注室外台阶、花池、散水等局部尺寸。此外，在平面图内还须注明局部的内部尺寸，以表示内门、内窗、内墙厚及内部设备等尺寸。

（7）其他细部的配置和位置情况，如楼梯、隔板、各种卫生设备等。

（8）室外台阶、花池、散水和雨水管的大小与位置。

（9）在底屋平面图上画有指北针符号，以确定建筑物的朝向，另外还要画上剖面图的剖切位置，以便与剖面图对照查阅。

三、识读建筑平面图

1. 识读底层平面图

如图 2-19 所示为某单位住宅楼底层平面图。

（1）了解平面图的图名、比例。从图中可知该图为底层平面图，比例 1：100。

（2）了解建筑的朝向。从指北针得知该住宅楼是坐北朝南的方向。

（3）了解建筑的平面布置。该住宅楼横向定位轴线 13 根，纵向定位轴线 6 根，共有两个单元，每单元两户，其户型相同，每户住宅有南、北两个卧室，一个客厅（阳面）、一间厨房、一个卫生间、一个阳台（凹阳台）、楼梯间有两个管道井。A 轴线外面 750mm ×600mm 的小方格表示室外空调机的隔板。

（4）了解建筑平面图上的尺寸。建筑平面图上标注的尺寸均为未经装饰的结构表面尺寸。了解平面图所注的各种尺寸，并通过这些尺寸了解房屋的占地面积、建筑面积、房间的使用面积，平均面积利用系数 K。建筑占地面积为首层外墙边线所包围的面积。如该建筑面积为 $34.70m \times 15.20m = 527.44m^2$。

使用面积是指建筑物各层平面布置中可直接为生产或生活使用的净面积总和。

建筑面积是指各层建筑外墙结构的外围水平面积之和。包括使用面积、辅助面积和结构面积。

平均面积利用系数 K＝使用面积/建筑面积×100％

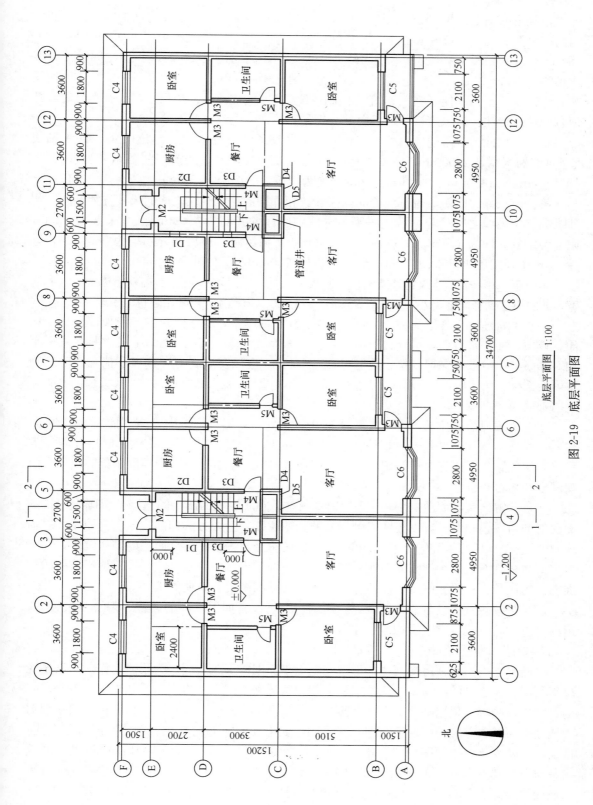

底层平面图 1:100

图 2-19 底层平面图

59

建筑平面图上的尺寸分为内部尺寸和外部尺寸。内部尺寸：说明房间的净空大小和室内的门窗洞、孔洞、墙厚和固定设备（如厕所、盥洗室等）的大小位置。如图中 D1、D2（洞 1、洞 2）距离 E 轴线为 1000mm、D3（洞 3）距离门边为 1000mm，卫生间隔墙距离①轴线 2400mm，这些都是定位尺寸，其他详细尺寸在详图（单元平面图中）将详细地反映。外部尺寸：为了便于施工读图，平面图下方及左侧应注写三道尺寸，如有不同时，其他方向也应标注。这三道尺寸从里向外分别是：

第一道尺寸：表示建筑物外墙门窗洞口等各细部位置的大小及定位尺寸。如 A 轴线墙上 C6 的洞宽是 2800mm，B 轴线上 C5 的洞宽是 2100mm，两窗洞间的距离为（750＋1075）mm＝1125mm，而两 C6 洞间的距离为 1075＋1075＝2150mm。

第二道尺寸：表示定位轴线之间的尺寸。相邻横向定位轴线之间的尺寸称为开间，相邻纵向定位轴线之间的尺寸称为进深。本图中客厅的开间为 4950mm，进深为 5100mm，阳面卧室的开间为 3600mm，进深为 5100mm，阴面卧室、厨房的开间均为 3600mm，进深 4200mm，卫生间开间为 2400mm，进深为 3900mm，阳台进深为 1500mm。

第三道尺寸：表示建筑物外墙轮廓的总尺寸，从一端外墙边到另一端外墙边为总长和总宽，如图中建筑总长是 34700mm，总宽 15200mm。第三道尺寸能反映出建筑的占地面积。

（5）了解建筑中各组成部分的标高情况。在平面图中，对于建筑物各组成部分，如地面、楼面、楼梯平台面、室外台阶面、阳台地面等处，应分别注明标高，这些标高均采用相对标高（小数点后保留 3 位小数），如有坡度时，应注明坡度方向和坡度值，该建筑物室内地面标高为 ±0.000，厕所的地面标高为 −0.020，室外地面标高为 −1.200，表明了室内外地面的高度差值为 1.200m。

（6）了解门窗的位置及编号。为了便于读图，在建筑平面图中门采用代号 M 表示、窗采用代号 C 表示，并编号加以区分。如图中的 C1、M1、M2 等。在读图时应注意每类型门窗的位置、形式、大小和编号，并与门窗表对应，了解门窗采用标准图集的代号、门窗型号和是否有备注。

（7）了解建筑剖面图的剖切位置、索引标志。在底层平面图中的适当位置画有建筑剖面图的剖切位置和编号，以便明确剖面图的剖切位置、剖切方法和剖视方向。如④、⑤轴线间的 1—1 剖切符号和⑤、⑥轴线的 2—2 剖切符号，表示建筑剖面图的剖切位置，剖面图类型为全剖面图，剖视方向向左。有时图中还标注出索引符号，注明该部位所采用的标准图集的代号、页码和图号，以便施工人员查阅标准图集，方便施工。

（8）了解各专业设备的布置情况。建筑物内的设备如卫生间的便池、盥洗池位置等，读图时注意其位置、形式及相应尺寸。

2. 识读标准层平面图和顶层平面图

标准层平面图和顶层平面图的形成与底层平面图的形成相同。为了简化作图，已在底层平面图上表示过的内容，在标准层平面图和顶层平面图上不再表示，如不再画散水、明沟、室外台阶等；顶层平面图上不再画二层平面图上表示过的雨篷等。识读标准层平面图和顶层平面图重点应与底层平面图对照异同，如平面布置如何变化、墙体厚度有无变化、楼面标高的变化、楼梯图例的变化等。如图 2-20 所示标准层平面图，从图中可见该建筑物平面布置基本未变，而楼层标高分别为 3.000、6.000、9.000、12.000 与 15.000，表示该楼的层高为 3.000m。在底层平面图的单元楼门上方有雨篷，雨篷上排水坡度为 2%，

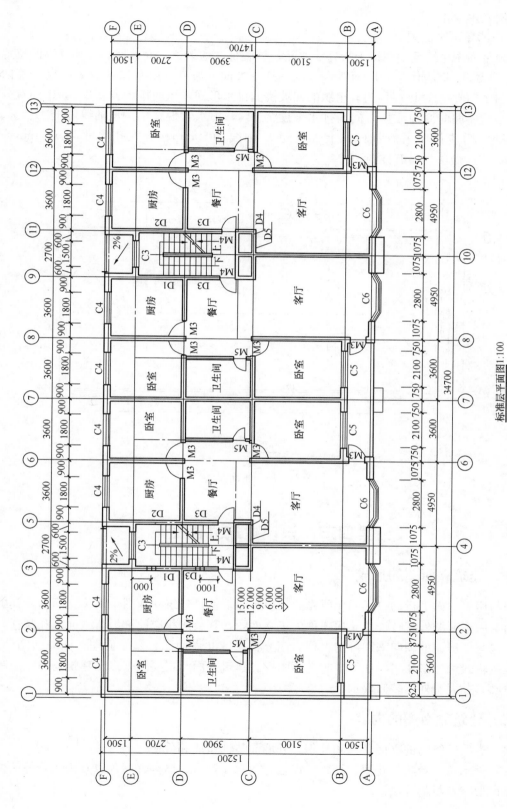

标准层平面图1:100

图 2-20 标准层平面图

楼梯图例发生变化。

3. 识读屋顶平面图

屋顶平面图主要反映屋面上天窗、水箱、铁爬梯、通风道。女儿墙、变形缝等的位置以及采用标准图集的代号、屋面排水分区、排水方向、坡度、雨水口的位置、尺寸等内容。如图 2-21 所示，该屋顶为有组织的四坡挑檐排水形式，屋面排水坡度 2％，中间有分水线，水从屋面向檐沟汇集，檐沟排水坡度为 1％，雨水管设在 A、F 轴线墙上①、⑦、⑬轴线处，构造作法另有详图。上人孔距 C 轴线 2050mm，上人孔尺寸为 700mm×600mm，构造做法也另有详图。

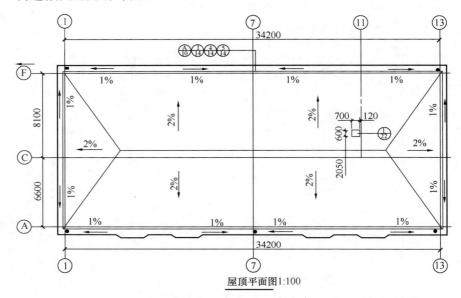

屋顶平面图1:100

图 2-21　屋顶平面图

第四节　识读建筑立面图

一、建筑立面图的形成

在与房屋立面平行的投影面上所作的正投影图，就是建筑立面图，简称立面图。其中反映出房屋主要的外貌特征的立面图称为正立面图，其余的相应地称为背立面图和侧立面图等。也有按房屋的朝向来划分的，称为南立面图、北立面图、东立面图、西立面图等。有时也按轴线编号来命名，如①～⑩立面图等。建筑立面图主要用来表示建筑物的立面和外形轮廓，并表明外墙装修要求。

二、建筑立面图的内容

（1）表明建筑物的立面形式和外貌，外墙面装饰做法和分格。

（2）表示室外台阶、花池、勒脚、窗台、雨篷、阳台、檐沟、屋顶以及雨水管等的位置、立面形状及材料做法。

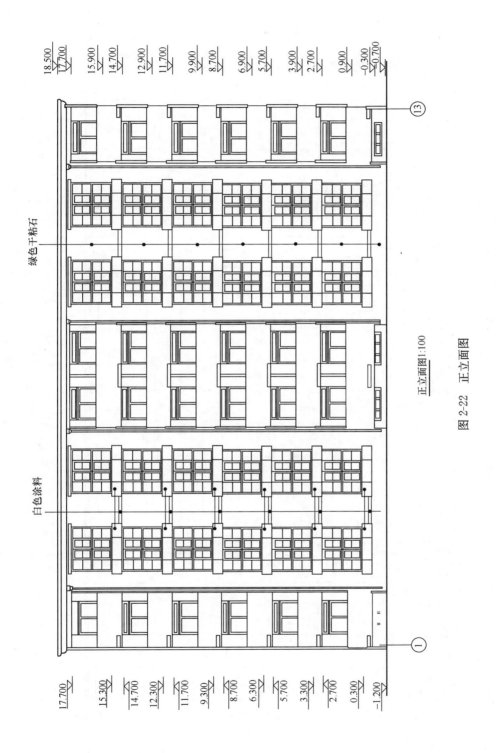

正立面图1:100

图2-22 正立面图

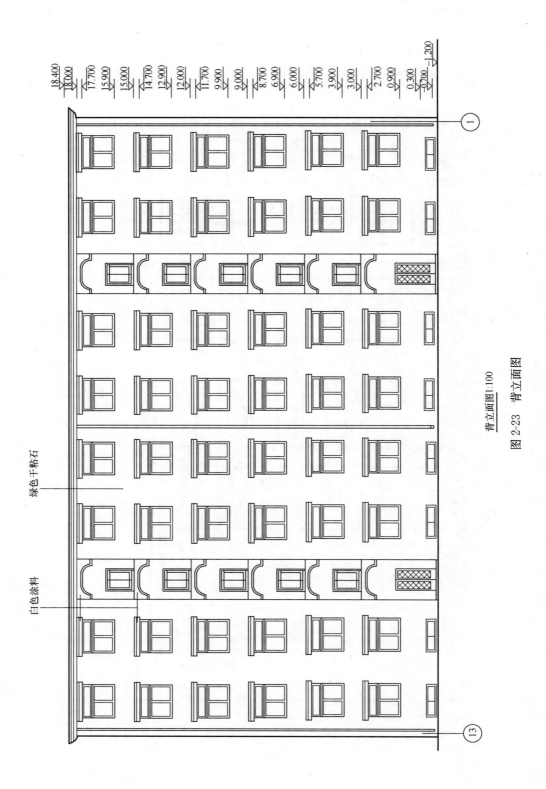

背立面图1:100

图 2-23 背立面图

（3）反映立面上门窗的布置、外形及开启方向（用图例表示）。

（4）用标高及竖向尺寸表示建筑物的总高以及各部位的高度。

三、识读建筑立面图

图 2-22 所示为某单位住宅楼正立面图，图 2-23 所示为背立面图。

（1）从正立面图上了解该建筑的外貌形状，并与平面图对照深入了解屋面、雨篷、台阶等细部形状及位置。从图中可知，该住宅楼为六层，客厅窗为外飘窗，窗下墙呈八字形，相邻两户客厅的窗下墙之间装有空调室外机的隔板，每两卧室窗上方也装有室外空调机隔板，屋面为平屋面。

（2）从立面图上了解建筑的高度。从图中看到，在立面图的左侧和右侧都注有标高，从左侧标高可知室外地面标高为－1.200，室内标高为±0.000，室内外高差 1.2m，一层客厅窗台标高为 0.300，窗顶标高为 2.700，表示窗洞高度为 2.4m，二层客厅窗台标高为 3.300，窗顶标高为 5.700，表示二层的窗洞高度为 2.4m，依次相同。从右侧标高可知地下室窗台标高为－0.700，窗顶标高为－0.300，得知地下室窗高 0.4m，一层卧室窗台标高为 0.900，窗顶标高 2.700，知卧室窗高 1.8m，以上各层相同，屋顶标高 18.5m，表示该建筑的总高为 (18.5＋1.2) m＝19.7m。

（3）了解建筑物的装修做法。从图中可知建筑以绿色干粘石为主，只在飘窗下以及空调机隔板处刷白色涂料。

（4）了解立面图上的索引符号的意义。

（5）建立建筑物的整体形状。阅读建筑平面图和立面图，应建立该住宅楼的整体形状，包括建筑造型、外观形状、高度、装修的颜色、材质等。

（6）从背立面图中可知该立面上主要反映各户阴面次卧室的外窗和厨房的外窗以及楼梯间的外窗及其造型。

第五节 识读建筑剖面图

一、建筑剖面图的形成

假想用一个铅垂剖切平面将房屋剖开，移去靠近观察者的那一部分，所得到的正投影图叫做建筑剖面图，简称剖面图。剖面图的剖切位置，应选择在内部结构和构造比较复杂与典型的部位，并应通过门窗洞的位置。剖面图的图名应与平面图上标注的剖切位置的编号一致，如Ⅰ—Ⅰ剖面图等。如果用一个剖切平面不能满足要求时，允许将剖切平面转折起来绘制剖面图。习惯上，剖面图中可不画出基础，截面上材料图例和图中的线型选择，均与平面图相同。剖面图一般从室外地坪开始向上直画到屋顶。

建筑剖面图是表示建筑物内部垂直方向的结构形式、分层情况、内部构造及各部位高度的图样。

二、建筑剖面图主要内容

（1）表示被剖切到的房屋各部位，如各楼层地面、内外墙、屋顶、楼梯、阳台、散水、雨罩等的构造做法。

（2）用标高和竖向尺寸表示建筑物的总高、层高、各楼层地面的标高、室内外地坪标高以及门窗等各部位的高度。剖面图中的高度尺寸也有三道：第一道尺寸靠近外墙，从室外地面开始分段标出窗台、门、窗洞口等尺寸；第二道尺寸注明房屋各层层高；第三道尺寸为房屋建筑物的总高度。

（3）表示建筑物主要承重构件的位置及相互关系，如各层的梁、板、柱及墙体的连接关系等。

（4）表示屋顶的形式及泛水坡度等。

（5）索引符号。在剖面图中，对于需要另用详图说明的部位或构件，都要加索引符号，以便互相查阅、核对。

（6）施工中需注明的有关说明等。

三、识读建筑剖面图

如图 2-24 所示为住宅楼的 2—2 剖面图。

（1）先了解剖面图的剖切位置与编号，从底层平面图（图 2-19）上可以看到 2—2 剖

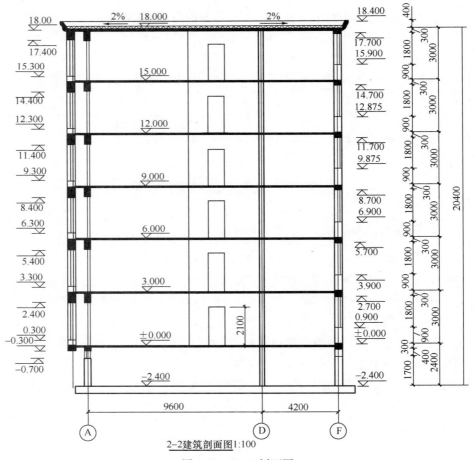

2-2建筑剖面图1:100

图 2-24 2—2 剖面图

面图的剖切位置在⑤、⑥轴线之间，断开位置从客厅、餐厅到厨房，切断了客厅的飘窗和厨房的外窗。

（2）了解被剖切到的墙体、楼板和屋顶，从图 2-24 中看到，被剖切到的墙体有 A 轴线墙体、D 轴线墙体和 F 轴线的墙体及其上的窗洞。识读到挑檐的形状及屋面排水坡度为 2%。

（3）了解可见的部分，2－2 剖面图中可见部分主要是入户门，门高 2100mm，门宽在平面图上表示为 900mm。

（4）了解剖面图上的尺寸标注。从左侧的标高可知飘窗的高度，从右侧的标高可知厨房外窗的高度。建筑物的层高为 3000mm，从地下室到屋顶的高度为 20.4m。

第六节　识读建筑详图

建筑详图就是把房屋的细部或构、配件的形状、大小、材料和做法等，按正投影的原理，用较大的比例绘制出来的图样。它是建筑平面图、立面图和剖面图的补充，有时建筑详图也称大样图。建筑详图主要表示以下内容：建筑构配件（如门、窗、楼梯、阳台）的详细构造及连接关系；建筑物细部及剖面节点（如檐口、窗台、明沟、楼梯扶手、踏步、楼层地面、屋顶层等）的形式、做法、用料、规格及详细尺寸；施工要求及制作方法。

建筑详图主要有：外墙详图、楼梯详图、阳台详图、门窗详图等。下面介绍建筑施工图中常见的详图。

一、识读外墙身详图

外墙身详图也叫外墙大样图，是建筑外墙剖面图的放大图样，假想用一个垂直于墙体轴线的铅垂剖切平面，将墙体某处从防潮层到屋顶剖开，得到的建筑剖面图的局部放大图即为外墙详图。外墙详图主要用来表示外墙各部位的详细构造、材料做法及详细尺寸。如檐口、圈梁、过梁、墙厚、雨罩、阳台、防潮层、室内外地面、散水等。

在画外墙详图时，一般在门窗洞口中间用折线断开，实际上成了几个节点详图的组合，有时也可不画整个墙身的详图，而是把各个节点的详图分别单独绘制。在多层房屋中，各层构造情况基本相同，可只画墙脚、檐口和中间部分三个节点，即画底层，中间层和顶层的三个部位组合图。门窗一般采用标准图集，为了简化作图，通常采用省略方法画，即门窗在洞口处断开。

（一）外墙身详图的内容

（1）外墙墙脚主要是指一层窗台及以下部分，包括散水（或明沟）、防潮层、踢脚、一层地面、勒脚等部分的形状、大小材料及其构造情况。

（2）中间部分主要包括楼板层、门窗过梁、圈梁的形状、大小材料及其构造情况。还应表示出楼板与外墙的关系。

（3）檐口应表示出屋顶、檐口、女儿墙、屋顶圈梁的形状、大小、材料及其构造情况。

墙身大样图一般用 1∶20 的比例绘制，由于比例较大，各部分的构造如结构层、面层的构造均应详细表达出来，并画出相应的图例符号。

（二）识读外墙身详图

图 2-25 所示为某住宅的墙身大样图，识读时应按如下顺序进行。

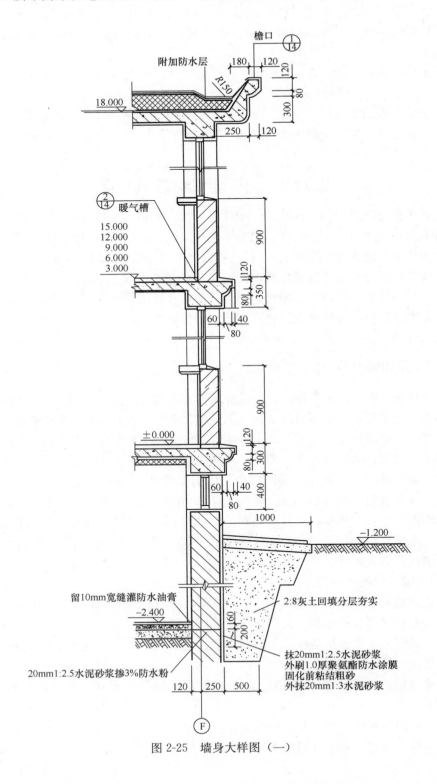

图 2-25 墙身大样图（一）

（1）了解墙身详图的图名和比例。该图为住宅楼③轴线的大样图。比例 1∶200。

（2）了解墙脚构造。从图中看到，该楼墙脚防潮层采用 20mm 厚 1∶2.5 水泥砂浆内掺 3‰防水粉。地下室地面与外墙相交处留 10mm 宽缝，灌防水油膏。外墙外表面的防潮做法是：先抹 20mm 厚 1∶2.5 水泥砂浆，水泥砂浆外刷 1.0mm 厚聚氨酯防水涂膜，在涂膜固化前粘结粗砂，再抹 20mm 厚 1∶3 水泥砂浆。散水留缝做法与地下室相同，地下室顶板贴聚苯保温板。由于目前通用标准图集中有散水、地面、楼面的做法，因而在墙身大样图中一般不再表示散水、楼、地面的做法，而是将这部分做法放在施工说明的工程做法表中具体反映。

（3）了解中间节点可知窗台高 900mm；120mm 宽的暖气槽做法另见详图；楼板与过梁浇注成整体，楼板标高 3.000m、6.000m、9.000m、12.000m、15.000m 表示该节点适应于二～六层的相同部位。

（4）了解檐口部位。从图中可知檐口的具体形状及尺寸，檐沟是由保温层形成，檐沟处附加一层防水层，檐口顶部做法有详图。

图 2-26 所示为飘窗处墙体的详细做法。从图中可以看到，墙身大样图（二）与墙身大样图（一）基本相同，如檐口的做法、墙脚防潮层、散水、墙体防潮做法等，而该详图主要表示客厅飘窗的做法，窗内护窗栏杆的做法。

二、识读楼梯详图

楼梯是建筑中上下层之间的主要垂直交通工具，目前最常用的楼梯是钢筋混凝土材料浇制的。楼梯一般由四大部分组成：楼梯段、休息平台、栏杆和扶手，另外还有楼梯梁、预埋件等。如图 2-27 所示。

楼梯按形式分有单跑楼梯、双跑楼梯、三跑楼梯、转折楼梯、弧形楼梯、螺旋楼梯等。由于双跑楼梯具有构造简单、施工方便、节省空间等特点，因而目前应用最广。双跑楼梯是指每层楼有两个梯段连接。楼梯按传力途径分有板式楼梯和梁板式楼梯，板式楼梯的传力途径是荷载由板传至平台梁，由平台梁传至墙或梁，再传给基础或柱梁板式楼梯的荷载由梯段传至支撑梯段的斜梁，再由斜梁传至平台梁。板式楼梯和梁板式楼梯如图 2-28 所示。

由于楼梯构造复杂，建筑平面图、立面图和剖面图的比例比较小，楼梯中的许多构造无法反映清楚，因此，建筑施工图中一般均应绘制楼梯详图。

楼梯详图是由楼梯平面图、楼梯剖面图和楼梯节点详图三部分构成。

（一）楼梯平面图

楼梯平面图就是将建筑平面图中的楼梯间比例放大后画出的图样，比例通常为 1∶50。包含有楼梯底层平面图、楼梯标准层平面图和楼梯顶层平面图等。楼梯平面图是距地面 1m 以上的位置，用一个假想的剖切平面，沿着水平方向剖开（尽量剖到楼梯间的门窗），然后向下作投影得到的投影图。楼梯平面图一般应分层绘制。如果中间几层的楼梯构造、结构、尺寸均相同的话，可以只画底层、中间层和顶层的楼梯平面图。底层平面图是从第一个平台下方剖切的，将第一跑楼梯段断开（用倾斜 30°、45°的折断线表示），因此只画半跑楼梯，用箭头表示上或下的方向，以及一层和二层之间的踏步数量，如上 20，表示一层至二层有 20 个踏步。楼梯标准层平面图是从中间层房间窗台上方剖切，既应画出被

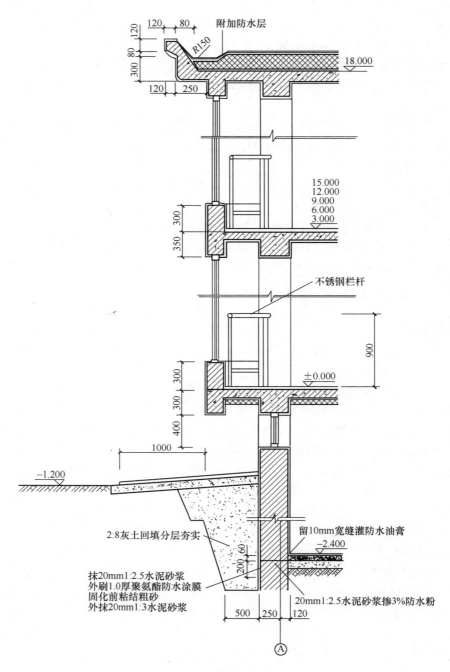

附加防水层

R150

18.000

不锈钢栏杆

15.000
12.000
9.000
6.000
3.000

900

±0.000

−1.200

留10mm宽缝灌防水油膏
−2.400

2:8灰土回填分层夯实

抹20mm1:2.5水泥砂浆
外刷1.0厚聚氨酯防水涂膜
固化前粘结粗砂
外抹20mm1:3水泥砂浆

20mm1:2.5水泥砂浆掺3%防水粉

图 2-26　墙身大样图（二）

剖切的上行部分梯段，还要画出由该层下行的部分梯段，以及休息平台。楼梯顶层平面图是从顶层房间窗台上剖切的，没有剖切到楼梯段（出屋顶楼梯间除外），因此平面图中应画出完整的两跑楼梯段，及中间休息平台，并在楼梯口处注"下"及箭头。

1. 楼梯平面图内容

（1）楼梯间的位置。用定位轴线表示。

（2）楼梯间的开间、进深、墙体的厚度。

（3）梯段的长度、宽度以及楼梯段上踏步的宽度和数量。通常把梯段长度尺寸和每个踏步宽度尺寸合并写在一起，如 $10 \times 300mm = 3000mm$，表示该梯段上有 10 个踏面，每个踏面的宽度为 300mm，整跑梯段的水平投影长度为 3000mm。

（4）休息平台的形状和位置。

（5）楼梯井的宽度。

（6）各层楼梯段的起步尺寸。

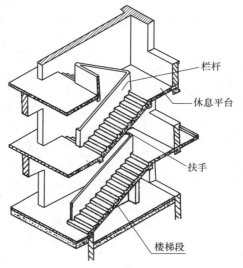

图 2-27　楼梯的组成

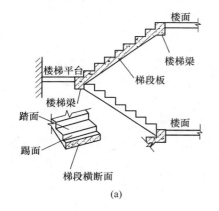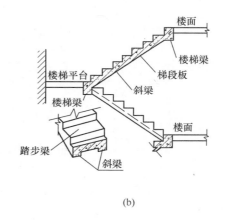

图 2-28　板式楼梯和梁板式楼梯

（a）板式楼梯；（b）梁板式楼梯

（7）各楼层的标高、各平台的标高。

（8）在底层平面图中还应标注出楼梯剖面图的剖切符号。

2. 识读楼梯平面图

现以如图 2-29 所示某住宅楼楼梯平面图为例说明其识读方法。

（1）了解楼梯间在建筑物中的位置。从图 2-20 中可知该楼有两部楼梯，分别位于 C—E 轴线和 3—5 轴线与 9—11 轴线的范围内。

（2）了解楼梯间的开间、进深、墙体的厚度、门窗的位置。从图 2-29 中可知，该楼梯间开间为2700mm，进深为6600mm，墙体的厚度：外墙为370mm，内墙为240mm，

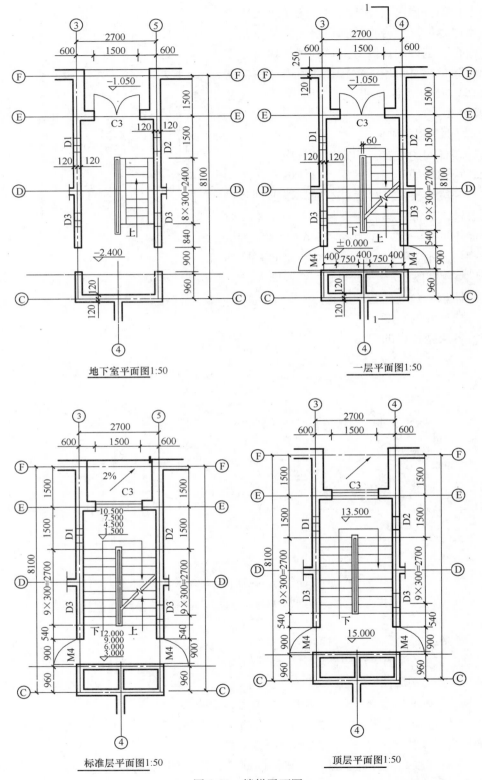

图 2-29　楼梯平面图

门窗居外墙中，洞宽都为 1500mm。

（3）了解楼梯段、楼梯井和休息平台的平面形式、位置、踏步的宽度和数量。该楼梯为双跑式，梯段的宽度为 1170mm，每楼梯段有 9 个踏步，踏步宽 300mm，整段楼梯水平投影长度为 2700mm，梯井的宽度为 120mm，平台的宽度为（1500 − 120）mm ＝ 1380mm。

（4）了解楼梯的走向以及上下行的起步位置，该楼梯走向如图中箭头所示，两面平台的起步尺寸分别为：地下室 840mm，其他层 540mm。

（5）了解楼梯段各层平台的标高，图中入口处地面标高为 −1.050，其余平台标高分别为 1.500、4.500、7.500、10.500、13.500。

（6）在底层平面图中了解楼梯剖面图的剖切位置及剖视方向。

（二）识读楼梯剖面图

楼梯剖面图是用假想的铅垂剖切平面通过各层的一个梯段和门窗洞口将楼梯垂直剖切，向另一未剖到的梯段方向投影，所作的剖面图。楼梯剖面图主要表达楼梯踏步、平台的构造、栏杆的形状以及相关尺寸。比例一般为 1：50、1：30 或 1：40，习惯上如果各层楼梯构造相同，且踏步尺寸和数量相同，楼梯剖面图可只画底层、中间层和顶层剖面图，其余部分用折断线将其省略。楼梯剖面图应注明各楼楼层面、平台面、楼梯间窗洞的标高、踢面的高度。踏步的数量以及栏杆的高度。

下面以如图 2-30 所示的某住宅楼楼梯剖面图为例，说明楼梯剖面图的识读方法。

（1）了解楼梯的构造形式，从图中可知该楼梯的结构形式为板式楼梯，双跑。

（2）了解楼梯在竖向和进深方向的有关尺寸，从楼层标高和定位轴线间的距离可知该楼层高 3000mm，进深 6600mm。

（3）了解楼梯段、平台、栏杆、扶手等的构造和用料说明。

（4）被剖切梯段的踏步级数，从图中 7×150mm＝1050mm 表示从楼门入口处至一层地面需上 7 个踏步，从 10×150mm＝1500mm 得知每个梯段的踢面高 150mm，整跑楼梯段的垂直高度为 1500mm。以上各梯段的构造与此梯段相同。

（5）了解图中的索引符号，从而知道楼梯细部做法。

（三）识读楼梯节点详图

楼梯节点详图主要表达楼梯栏杆、踏步、扶手的做法，如采用标准图集，则直接引注标准图集代号，如采用的形式特殊，则用 1：10、1：5、1：2 或 1：1 的比例详细表示其形状、大小、所采用材料以及具体做法。如图 2-31 所示，为该楼梯的两个节点详图。该详图主要表示踏步防滑条的做法，即防滑条的具体位置和采用的材料。

三、识读其他详图

（1）门窗详图。一般门窗包括立面图、节点大样图等内容。如图 2-32 所示是塑钢水平推拉窗构造节点详图。节点详图是针对构件某个部位剖切后画出的投影图。为了简明一般不画窗的剖面图，以节点详图代替，它表明各部件断面形状、用料、尺寸等，剖切编号对应与立面图上断面剖切符号。

（2）有特殊设备的详图，如卫生间详图等。由于在各层建筑平面图中，采用的比例较小，一般为 1：100，所表示出的卫生间某些细部图形太小，无法清晰表达，所以需要放

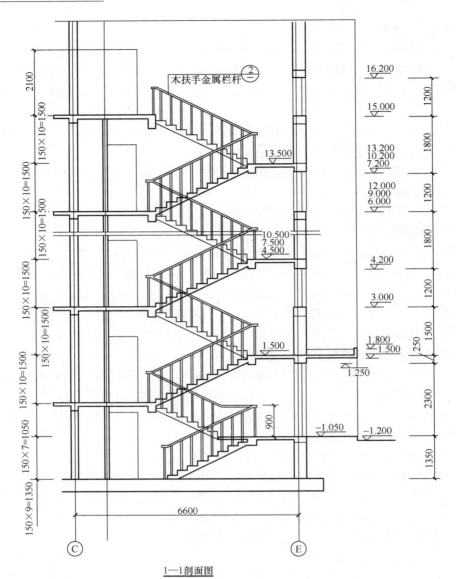

1—1剖面图

图 2-30 楼梯剖面图

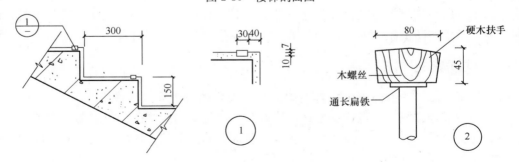

图 2-31 楼梯节点构造

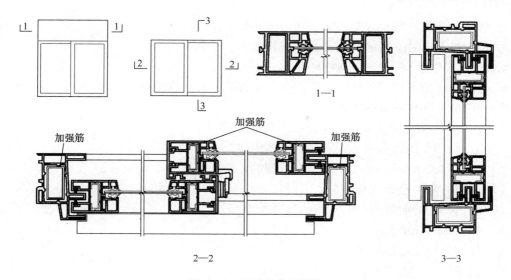

图 2-32 塑钢窗节点详图

大比例绘制，选择的比例一般为 1：50、1：20。以此来反映卫生间的详细布置与尺寸标注，这种图样称为卫生间详图。如图 2-33 所示是一卫生间详图，根据图示的定位轴线和编号，可以方便地知道它在各层平面图中的位置，更可以了解内部卫生设备的类型、数量、布置位置、相应尺度和详图索引符号等。一般卫生洁具为采购产品，不用标注详细尺寸，只需定位即可。图中两处标高，指明了卫生间室内和门外走廊的建筑标高，箭头显示排水方向，坡度为 1％。

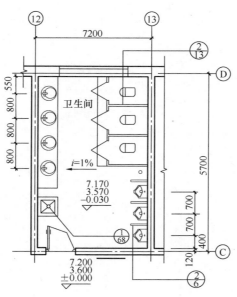

图 2-33 卫生间详图

思 考 题

1. 图纸幅面有几种规格？标题栏、会签栏画在图纸什么位置？

2. 线型有几种？每种线型的宽度和用途是什么？

3. 对图纸上所需书写的文字、数字或符号等有什么要求？

4. 什么是比例？常用比例有哪些？

5. 房屋施工图包括哪些内容？它们在图示方法上有什么特点？

6. 建筑施工图包括哪些内容？

7. 什么叫风向频率玫瑰图？它表示什么意思？

8. 总平面图是怎么形成的？它包括哪些内容？

9. 建筑平面、立面、剖面图是如何得到的？它们之间有什么关系？

10. 详图的索引及标志符号是如何得到的？

11. 外墙详图是如何得到的？应包括哪些内容？

12. 楼梯由哪几部分组成？

13. 楼梯详图应包括哪些内容？

14. 门窗详图的内容是什么？

第三章　识读结构施工图

内　容　提　要

建筑物外部造型千姿百态,不论其造型如何,都靠承重骨架体系来支撑,这种体系为建筑结构。结构的布置图是房屋承重结构的整体布置图,主要表示结构构件的位置、数量、型号及相互关系。常用的结构平面布置图有基础平面布置图、楼层结构平面图、柱网平面图等。本章主要介绍了结构施工图的基本知识、识读基础和楼层结构施工图、识读钢结构施工图、地质勘探图、构筑物施工图和查阅构配件图等。

第一节　结构施工图概述

一、结构施工图的基本知识

表示建筑物的各承重构件(如基础、承重墙、柱、梁、板、屋架、屋面板等)的布置、形状、大小、数量、类型、材料做法以及相互关系和结构形式等图样称为结构施工图,简称"结施"。

(一)结构施工图的内容

(1)结构设计说明。

(2)结构平面图。包括:基础平面图,楼层结构平面图,屋面结构平面图,柱网平面图等。

(3)构件详图。包括:梁、板、柱以及基础结构详图,楼梯结构详图,屋架结构详图,其他详图如支撑详图等。

结构施工图主要作为施工放线,构件定位,挖基槽,支模板,绑钢筋,浇筑混凝土,安装梁、板、柱等构件以及编制预算、备料和作施工组织计划等的依据。

(二)常用构件代号和钢筋符号

建筑结构构件种类繁多,为了图示简明、清晰、便于阅读,"国标"规定了各种构件的代号,现将常用的构件代号列表说明,见表3-1。

常用结构构件的代号　　　　　　　　　　　　　　表 3-1

序号	名称	代号	序号	名称	代号	序号	名称	代号
1	板	B	9	屋面梁	WL	17	框架柱	KZ
2	屋面板	WB	10	吊车梁	DL	18	柱	Z
3	空心板	KB	11	圈梁	QL	19	基础	J
4	密肋板	MB	12	过梁	GL	20	梯	T
5	楼梯板	TB	13	连系梁	LL	21	雨篷	YP
6	盖板或沟盖板	GB	14	基础梁	JL	22	阳台	YT
7	墙板	QB	15	楼梯梁	TL	23	预埋件	M
8	梁	L	16	屋架	WJ	24	钢筋网	W

另外在结构施工图中，为了便于标注和识别钢筋，每一种类钢筋都用一个符号表示，表 3-2 中列出的是常用钢筋符号。

常用钢筋符号			表 3-2
钢筋牌号	符　号	钢筋牌号	符　号
HPB300	Φ	RRB400	Φ^R
HRB335	Φ	冷拔低碳钢丝	Φ^b
HRB400	Φ	冷拉Ⅰ级钢筋	Φ^L

二、钢筋混凝土构件图

(一) 钢筋混凝土知识

混凝土是由水泥、砂、石子和水，按一定的比例混合搅拌，然后注入定形模板内，再经振捣密实和养护凝固后，就形成坚硬如石的混凝土构件。混凝土构件的抗压强度较高。混凝土的强度等级分为 C15、C20、C25、C30、C35、C40、C45、C50、C55、C60、C65、C70、C75 及 C80 等十四个等级，数字越大，表示混凝土抗压强度越高。混凝土虽然抗压强度很高，但抗拉强度较低，在受拉状态下容易发生断裂。因此为了提高混凝土的抗拉能力，常在混凝土构件的受拉区域内配置一定数量的钢筋。由混凝土和钢筋这两种材料构成整体的构件，称为钢筋混凝土构件。钢筋混凝土构件可以在施工现场浇制，称为现浇钢筋混凝土构件；也可以在工厂预先生产制作，称为预制钢筋混凝土构件。

(二) 钢筋的分类和作用

钢筋混凝土结构中，配置的钢筋按其作用不同，可分为以下几种：

1. 受力筋

受力筋是钢筋混凝土结构中承受拉（或压）应力的钢筋。如图 3-1 (a)、(b) 所示。

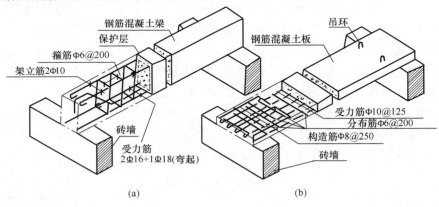

图 3-1　混凝土构件的内部结构

2. 箍筋

亦称为钢箍，在构件内主要起着固定受力筋位置的作用，并可承受部分剪应力。如图 3-1 (a) 所示。

3. 架立筋

用于梁类构件中，主要用来固定梁内箍筋的位置，使构件中的钢筋骨架成型。如图3-1（a）所示。

4. 分布筋

用于板类构件中，与板内的受力筋垂直布置，其主要作用是固定受力筋的位置，同时将承受的载荷均匀地传给受力筋，并可抵抗混凝土硬化时收缩及温度变化时而产生的应力。如图3-1（b）所示。

5. 其他

因构件的构造要求和施工安装要求而配置的构造筋，如腰筋、吊环、预埋锚固筋等。

（三）钢筋的弯钩

为了增强钢筋在混凝土构件中的锚固能力，我们可以使用表面带有人字纹或螺纹的受力筋。如果受力筋是光圆钢筋，则在钢筋的两端要做成弯钩的形状。钢筋两端的弯钩形式和画法如图3-2所示。在图3-2中，图（a）和图（b）分别画出了半圆弯钩和直弯钩的形式，上面的图中分别标注了弯钩的尺寸，下面的图则是两种弯钩的简化画法。图（c）仅画出了钢箍的简化画法，钢箍弯钩的长度，一般分别在两端各伸长50mm左右。

（四）保护层

为了加强钢筋与混凝土的粘结力，并防止钢筋的锈蚀，在钢筋混凝土构件中，钢筋至构件的表面应有一定厚度的混凝土，这层混凝土就叫做保护层。《混凝土结构设计规范》GB 50010—2010中8.2.1条，规定设计使用年限为50年的

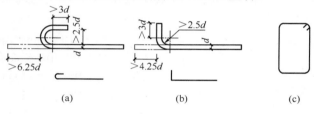

图 3-2　常见的钢筋弯钩形式

（a）钢筋的半圆弯钩；（b）钢筋的直弯钩；（c）钢箍的弯钩

混凝土结构，最外层钢筋的保护层厚度应符合表3-3的规定；设计使用年限为100年的混凝土结构，最外层钢筋的保护层厚度不应小于表3-3中数值的1.4倍。普通钢筋及预应力钢筋，其混凝土保护层厚度（钢筋外边缘至混凝土表面的距离）不应小于钢筋的公称直径，且应符合表3-3的规定。一般设计中是采用最小值的。

混凝土保护层的最小厚度（mm）　　　　　　表 3-3

环境类别	板、墙、壳	梁、柱、杆
一	15	20
二 a	20	25
二 b	25	35
三 a	30	40
三 b	40	50

（五）钢筋混凝土结构图的内容和表达方法

钢筋混凝土结构图由结构布置平面图和构件详图组成。结构布置平面图表示承重构件的布置、类型和数量。构件详图分为配筋图、模板图、预埋件详图及材料用量表等。配筋图着重表示构件内部的钢筋配置、形状、数量和规格，包括立面图、截面图和钢筋详图。模板图只用于较复杂的构件，以便于模板的制作和安装。

1. 配筋图

为了表示构件内部钢筋的配置情况，假定混凝土是透明体，在图样上只画出构件内部钢筋的配置情况，这样的图称为配筋图。配筋图中的钢筋用粗实线画出，外形轮廓用细实线表示。在截面图中被剖切到的钢筋用黑圆点表示，未被剖切到的钢筋仍然用粗实线表示，在结构施工图中钢筋的常规画法见表3-4。

2. 钢筋的标注法

在配筋图中，要标注出钢筋的等级、数量、直径、长度和间距等，一般采用引出线方式标注，通常有两种标注形式。

（1）标注钢筋的级别、根数、直径。如梁内的受力筋和架立筋。

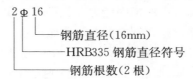

（2）标注钢筋级别、钢筋直径及相邻钢筋中心距。如梁内的箍筋及板内的分布筋。

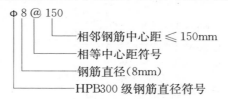

钢筋画法图例　　　　　　　　　　　　　　　　　　　　　　　表 3-4

序号	名　称	图　例	说　明
1	钢筋横断面	●	—
2	无弯钩的钢筋端部	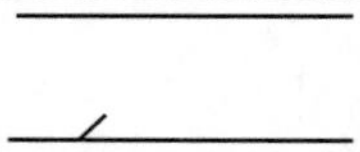	下图表示长、短钢筋投影重叠时，短钢筋的端部用45°短划线表示
3	带半圆形弯钩的钢筋端部		—
4	带直钩的钢筋端部		—
5	带丝扣的钢筋端部		—
6	无弯钩的钢筋搭接		—
7	带半圆弯钩的钢筋搭接		—
8	带直钩的钢筋搭接		—
9	花篮螺丝钢筋接头	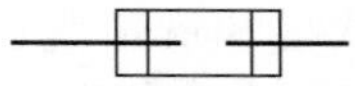	—

续表

序号	名　　称	图　　例	说　　明
10	—	（底层）　　　（顶层）	在结构楼板中配置双层钢筋时，底层钢筋的弯钩应向上或向左，顶层钢筋的弯钩则向下或向右
11	—		钢筋混凝土墙体配双层钢筋时，在配筋立面图中，远面钢筋的弯钩应向上或向左而近面钢筋的弯钩向下或向右（JM近面，YM远面）
12	—		若在断面图中不能表达清楚的钢筋布置，应在断面图外增加钢筋大样图（如：钢筋混凝土墙，楼梯等）
13	—		图中所表示的箍筋、环筋等若布置复杂时，可加画钢筋大样及说明

在上述两种标注形式中，一般应将钢筋编号。编号的方法是从要标注的钢筋处画一条引出线，引出线的一端画一直径为 6mm 细实线圆，圆内注写出该钢筋的编号数字，引出线的上侧写出此类钢筋的根数、种类等。如图 3-3 所示。

（六）识读钢筋混凝土梁配筋图

1. 配筋立面图和截面图

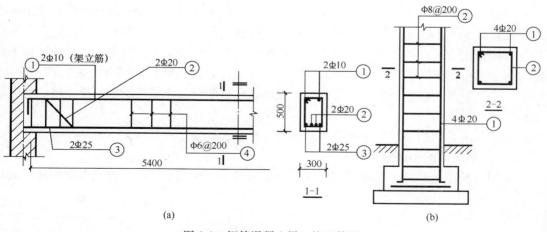

(a)　　　　　　　　　　　　　　　(b)

图 3-3　钢筋混凝土梁、柱配筋图

（a）梁配筋图；（b）柱配筋图

钢筋混凝土梁配筋图由配筋立面图和截面图表示出它的外形轮廓及梁内各钢筋的配置情况。如图 3-3 所示。配筋图中除了表达出钢筋在构件中的位置、形状之外，还要对每一类钢筋进行编号，并标注出钢筋的种类、数量和规格等。

在立面图中还要标出构件的主要尺寸，如梁的长度、净跨尺寸等。截面图中钢筋的编号、种类、数量等均应与立面图一致，其注法也相同。

2. 钢筋明细表

钢筋混凝土梁结构图除了配筋图外，还需将构件中所采用的钢筋列出一个详细的表格，见表 3-5。钢筋明细表包括钢筋编号、形状尺寸、规格、根数。钢筋明细表是钢筋施工下料、设计计算构件用钢量及编制预算的主要依据。在实际操作中，由于钢筋的弯曲长度有延伸，在施工时应在钢筋长度中减去其延伸长度。

钢 筋 表 表 3-5

钢筋编号	钢筋规格	简 图	长度 (mm)	每根件数	总根数	总长 (m)	重量累计 (kg)
①	Φ12		3640	2	2	7.28	7.41
②	Φ12		4204	1	1	4.204	4.55
③	Φ6		3490	2	2	6.980	1.55
④	Φ6		700	18	18	12.600	2.80

三、钢筋混凝土构件的平面整体表示法

为了提高设计效率、简化绘图、缩减图纸数量，并且使施工看图、记忆和查找方便，我国推出了国家标准图集如《混凝土结构施工图平面整体表示方法制图规则和构造详图》(11G101-1)。该图集包括两大部分内容：平面整体表示法制图规则和标准构造详图。该标准中介绍的平面整体表示法易随机修正，大大简化了绘图过程。

建筑结构施工图平面表示法的表达形式是把结构构件的尺寸和配筋等，按照施工顺序和平面整体表示法制图规则，整体的直接表达在各类构件的结构平面布置图上，再与标准构造详图相配合，即构成一套新型完整的结构施工图。它改变了传统的将构件从结构平面布置图中索引出来，再逐个绘制配筋详图的繁琐方法，从而使结构设计方便，表达全面、准确。平面整体表示法制图规则主要用于绘制现浇钢筋混凝土结构的梁、板、柱、剪力墙等构件的配筋图。

下面仅对常用的梁、柱平面表示法进行介绍。

（一）梁配筋的平面整体表示法

梁平面整体配筋图是在各结构层梁平面布置图上，采用平面注写方式或截面注写方式表达。

1. 梁平面注写方式（标注法）

平面注写方式是在梁的平面布置图上，将不同编号的梁各选一根，在其上直接注明梁代号、断面尺寸 $b \times h$（宽×高）和配筋数值。当某跨断面尺寸或箍筋与基本值不同时，

则将其特殊值从所在跨中引出另注。平面注写方式是在梁平面布置图上分别在不同编号的梁中各选一根梁，在其上注写截面尺寸和配筋具体数值的方式表达梁平法施工图，如图3-4 所示。

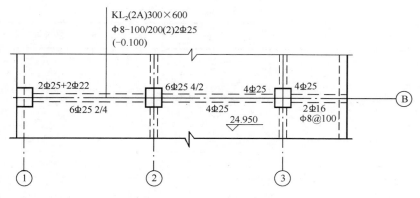

图 3-4　梁平面整体配筋图平面注写方式

平面注写包括集中标注和原位标注。集中标注表达梁的通用数值，梁集中标注的内容为四项必注值和一项选注值，它们分别是：

（1）梁编号。梁编号为必注值，编号方法见表 3-6。

（2）梁截面尺寸。梁截面尺寸为必注值，用 $b \times h$ 表示。当有悬挑梁，且根部和端部的高度不相同时，用 $b \times h_1/h_2$ 表示。

（3）梁箍筋。梁箍筋为必注值，包括箍筋级别、直径、加密区与非加密区间距及肢数。

（4）梁上部贯通筋和架立筋根数。

（5）梁顶面标高高差。此项为选注值。梁顶面标高高差是指相对于结构层楼面标高的高差值。

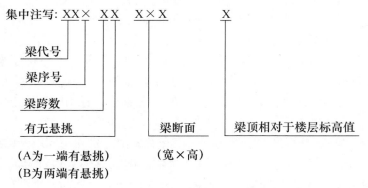

原位注写表达梁的特殊数值。将梁上、下部受力筋逐跨注写在梁上、梁下位置，

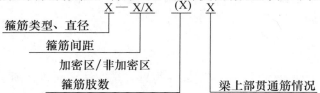

如受力筋多于一排时，用斜线"/"将各排纵筋自上而下分开。另外，当同排钢筋为两种直径时，可用"＋"号相连表示。梁侧面配有抗扭钢筋时，可冠以"＊"号注写在梁的一侧。

梁　编　号　　　　　　　　　　　表 3-6

梁类型	代号	序号	跨数及是否带有悬挑
楼层框架梁	KL	××	(××)、(××A) 或 (××B)
屋面框架梁	WKL	××	(××)、(××A) 或 (××B)
框支梁	KZL	××	(××)、(××A) 或 (××B)
非框架梁	L	××	(××)、(××A) 或 (××B)
悬挑梁	XL	××	(××)、(××A) 或 (××B)

如图 3-4 所示表达了在③轴线上梁的情况，引出线部分为集中标注。KL_2 (2A) 300×600 中 KL_2 表示 2 号框架梁，(2A) 中的 2 表示梁共有两跨，A 表示一端有悬挑，梁断面 300mm×600mm；Φ8-100/200 (2) 2Φ25 表明此梁箍筋是 φ8 间距 200mm，加密区间距 100mm，2Φ25 表示在梁上部贯通直径为 25mm 的钢筋 2 根；(−0.100) 表示梁顶相对于楼层标高 24.950 低 0.100m，在 B 轴与①～②轴之间梁下部中间段 6Φ25 2/4 为该跨梁下部配筋，上一排纵筋为 2Φ25，下一排纵筋为 4Φ25 全部伸入支座。在①轴处梁上部注写的 2Φ25＋2Φ22，表示梁支座上部有 4 根纵筋，2Φ25 放在角部，2Φ22 放在中部。当梁支座两边的上部纵筋相同时，可仅在一边标注配筋值，另一边省略不注，如②轴梁上端所示。当集中注写的数值中某一项（或几项）数值不适用于某跨或某悬挑部分时，则按其不同数值原位注写在该跨或该悬挑部分处，施工时按原位标注的数值优先选用。如③轴右侧悬挑梁部分，下部标注Φ8@100，表示悬挑部分的箍筋通长都为Φ8 间距 100 的双肢箍。梁支座上部纵筋的长度根据梁的不同编号类型，按标准中的相关规定执行。

2. 梁截面注写方式（断面法）

截面注写方式是将剖切位置线直接画在平面梁配筋图上，并将原来双侧注写的剖切符号简化为单侧注写，断面详图画在本图或其他图上。截面注写方式既可以单独使用，也可与平面注写方式结合使用，如在梁密集区，采用截面注写方式可使图面清晰。

截面注写方式是在分标准层绘制的梁平面布置图上分别在不同编号的梁中各选择一根梁用剖面号引出配筋图，并在其上注写截面尺寸和配筋具体数值的方式表达梁平法施工图。如图 3-5 所示，在截面配筋图上注写截面尺寸 $b×h$、上部筋、下部筋、侧面筋和箍筋的具体数值时，其表达方式与平面注写方式相同。图中吊筋直接画在平面图中的主梁上，用引出线注明总配筋值，如 L_3 中吊筋 2Φ8。

（二）柱平面整体配筋图

1. 列表注写方式

如图 3-6 所示为列表注写方式。列表注写方式是在柱平面布置图上分别在同一编号的柱中选择一个截面标注几何参数代号；在柱表中注写柱号、柱段起止标高、几何尺寸与配

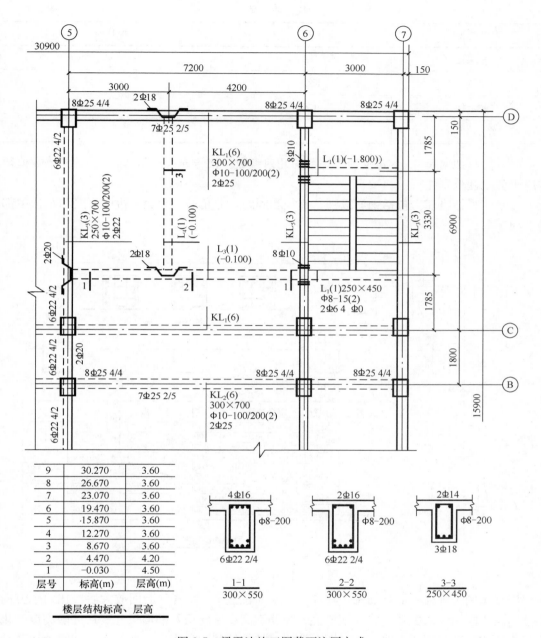

图 3-5 梁平法施工图截面注写方式

9	30.270	3.60
8	26.670	3.60
7	23.070	3.60
6	19.470	3.60
5	·15.870	3.60
4	12.270	3.60
3	8.670	3.60
2	4.470	4.20
1	-0.030	4.50
层号	标高(m)	层高(m)

楼层结构标高、层高

筋的具体数值，并配以各种柱截面形状及其箍筋类型图的方式表达柱平法施工图。柱的编号方法见表 3-7。

柱表注写的内容有：

（1）注写柱编号。柱编号由类型编号和序号组成。

（2）注写各段柱的起止标高。自柱根部往上以变截面位置或截面未变但配筋改变处为界分段注写。

柱 编 号 表 3-7

柱类型	代号	序号
框架柱	KZ	××
框支柱	KZZ	××
梁上柱	LZ	××
剪力墙上柱	QZ	××

（3）注写截面尺寸 $b \times h$ 及轴线关系的几何参数。代号 b_1、b_2 和 h_1、h_2 的具体数值须对应于各段柱分别注写。

（4）注写柱纵筋。包括钢筋级别、直径和间距，分角筋、截面 b 边中部筋和 h 边中部筋三项。

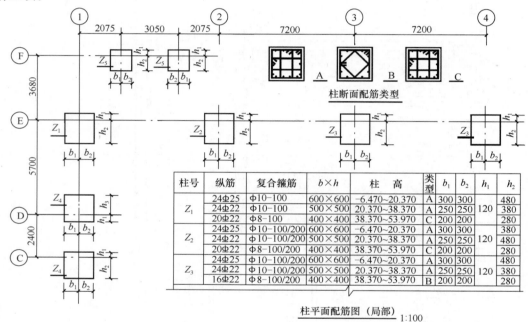

柱号	纵筋	复合箍筋	$b \times h$	柱 高	类型	b_1	b_2	h_1	h_2
Z_1	24Φ25	Φ10-100	600×600	-6.470~20.370	A	300	300	120	480
	24Φ22	Φ10-100	500×500	20.370~38.370	A	250	250		380
	20Φ22	Φ8-100	400×400	38.370~53.970	C	200	200		280
Z_2	24Φ25	Φ10-100/200	600×600	-6.470~20.370	A	300	300	120	380
	24Φ22	Φ10-100/200	500×500	20.370~38.370	A	250	250		480
	20Φ22	Φ8-100/200	400×400	38.370~53.970	C	200	200		280
Z_3	24Φ25	Φ10-100/200	600×600	-6.470~20.370	A	300	300	120	480
	24Φ22	Φ10-100/200	500×500	20.370~38.370	A	250	250		380
	16Φ22	Φ8-100/200	400×400	38.370~53.970	B	200	200		280

柱平面配筋图（局部）1:100

图 3-6 柱列表注写方式

用双比例法画柱平面配筋图，在柱所在平面位置 L，将各柱断面放大后，在两个方向上分别注明同轴线的关系，将柱配筋值、配筋随高度变化值及断面尺寸、尺寸随高度变化值与相应的柱高范围成组对应，在图上注明。柱箍筋间距加密区与非加密区间距值用"/"线分开。

2. 截面注写方式

柱平法施工图截面注写方式是在分标准层绘制的柱平面布置图的柱截面上分别在同一编号的柱中选择一个截面，以直接注写截面尺寸和配筋具体数值的方式表达柱平法施工图，图 3-7 是柱平法施工图截面注写方式示例。

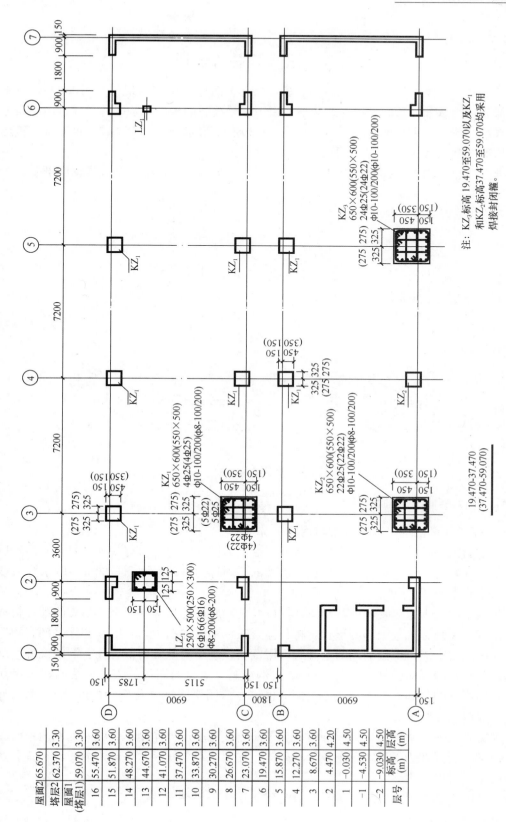

图 3-7 柱平法施工图截面注写方式示例

第二节 识 读 基 础 图

建在地基（支撑建筑物的土层称为地基）以上至房屋首层室内地坪（±0.000）以下的承重部分称为基础。基础是指建筑物地面以下承受荷载的构件。基础的形式、大小与上部结构系统、荷载大小及地基的承载力有关，一般有条形基础、独立基础、桩基础、筏形基础、箱形基础等形式，如图 3-8 所示。

基础图是建筑物地下部分承重结构的施工图，分为基础平面图和基础详图两部分。

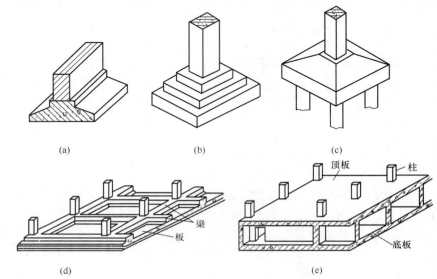

图 3-8 常见基础类型

一、识读基础平面图

（一）基础平面图的形成、内容与用途

基础平面图是假想用一个水平剖切平面，沿着房屋的室内地面与基础之间切开，然后移去房屋上部，向下作投影，由此得到的水平剖面图称为基础平面图。图 3-9 所示为一幢住宅楼的基础平面图。

在基础平面图中，只要画出基础墙、柱以及基础底面的轮廓线，至于基础的细部轮廓线都可以省略不画。这些细部的形状，将具体反映在基础详图中。基础墙和柱是剖到的轮廓线，应画成粗实线，未被剖到的基础底部用细实线表示。基础内留有孔、洞的位置用虚线表示。由于基础平面图常采用 1∶100 的比例绘制，故材料图例的表示方法与建筑平面图相同，即剖到的基础墙可不画砖墙图例（也可在透明描图纸的背面涂成红色），钢筋混凝土柱涂成黑色。

当房屋底层平面中开有较大门洞时，为了防止在地基反力作用下，门洞处室内地面的开裂，通常在门洞处的条形基础中设置基础梁，并用粗点划线表示基础梁的中心位置。基础平面图主要有以下内容：

（1）反映基础的定位轴线及编号，且与建筑平面图要相一致。

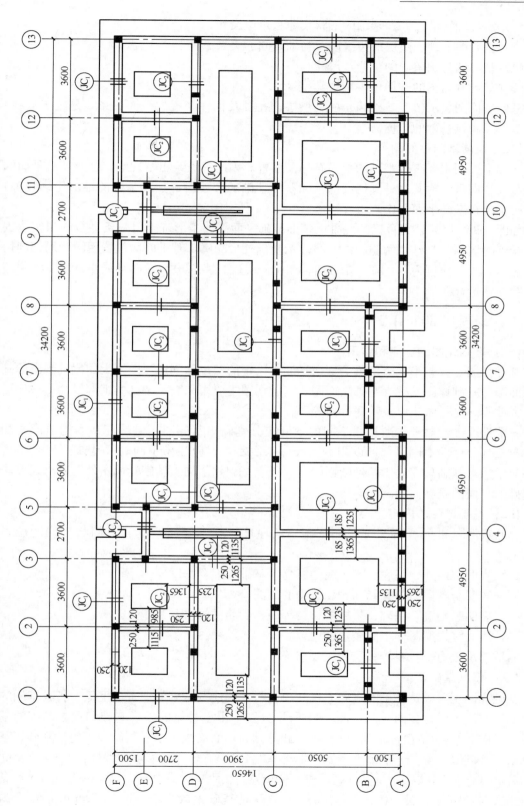

图 3-9　某住宅基础平面布置图

（2）定位轴线的尺寸，基础的形状尺寸和定位尺寸。

（3）基础墙、柱、垫层的边线以及与轴线间的关系。

（4）基础墙身预留洞的位置及尺寸。

（5）基础截面图的剖切位置线及其编号。

基础平面图表示出了基础墙、柱、垫层、孔洞及构件布置的平面关系，是施工放线、开挖基槽、砌筑基础的依据。

（二）识读基础平面图

基础平面图主要表达基础的平面布局及位置。因此只需绘出基础墙、柱及基底平面的轮廓和尺寸即可。除此之外其他细部（如条形基础的大放脚、独立基础的锥形轮廓线等）都不必反映在基础平面图中。

如图 3-9 所示为某宿舍钢筋混凝土条形基础平面图。条形基础用两条平行的粗实线表示剖切到的墙厚，基础墙两侧的中实线表示基础外形轮廓，基础断面位置用图示局部剖切符号表示。绘图比例为 1∶100，横向轴线由①～⑬轴共 13 根，纵向轴线由Ⓐ～Ⓕ轴共 5 根。图中构造柱涂黑。

二、识读基础详图

（一）基础详图的形成和作用

基础详图是假想用一个铅垂的剖切平面在指定的部位作剖切，用较大的比例画出的基础断面图。基础详图又称为基础断面图。基础详图主要用来表示基础的细部尺寸、截面形状、大放脚、材料做法以及基底标高等。

一般情况下，对于构造尺寸不同的基础应分别画出其详图，但是当基本构造形式相同，只是部分尺寸不同时，可以用一个详图来表示，但应注出不同的尺寸或列出表格说明。对于条形基础只需画出基础断面图，而独立基础除了画出基础断面图外，有时还要画出基础的平面图或立面图。

（二）基础详图的内容

（1）表明基础的详细尺寸，如基础墙的厚度，基础底面宽度和它们与轴线的位置关系。

（2）表明室内外、基底、管沟底的标高，基础的埋置深度。

（3）表明防潮层的位置和勒脚、管沟的做法。

（4）表明基础墙、基础、垫层的材料等级，配筋的规格及其布置。

（5）用文字说明图样不能表达的内容。

如地基承载力、材料等级及施工要求等。

（三）识读基础详图

基础详图主要表达基础的形状、尺寸、材料、构造及基础的埋置深度等。各种基础的图示方法有所不同，如图 3-10、图 3-11 所示分别举出了常见的条形基础和独立基础的基础详图。图 3-10 为某宿舍基础详图 JC_1，此基础为钢筋混凝土条形基础，它包括基础、基础圈梁和基础墙三部分。从地下室室内地坪－2.400 到－3.500 为基础墙体，它是 370mm 厚的砖墙（－3.500 以上 120mm 高墙厚 490mm）。在距室内地坪－2.400 以下 60mm，有一道粗实线表示防潮层。从－3.500 到－4.000 是基础大放脚，高度为 500mm，宽度为

2400mm，在基础底板配有一层Φ12@100的受力钢筋和一层Φ8@200的分布筋。基础圈梁JQL与基础大放脚浇筑在一起，顶面标高为－3.500，其截面尺寸为：宽450mm，高500mm，配筋为上下各4Φ14钢筋，箍筋为Φ6@250的双肢箍。基础下有110mm厚的C15素混凝土垫层。

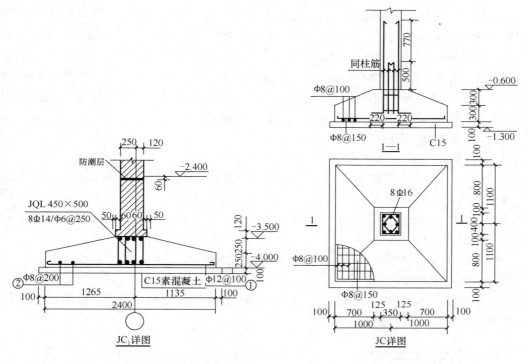

图3-10 钢筋混凝土条形基础　　　　图3-11 独立基础

图3-11为一锥形的独立基础。它除了画出垂直剖视图外，还画出了平面图。垂直剖视图清晰地反映了基础柱、基础及垫层三部分。基础底部为2000mm×2200mm的矩形，基础为高600mm的四棱台形，基础底部配置了Φ8@150、Φ8@100的双向钢筋。基础下面是C15素混凝土垫层，高100mm。基础柱尺寸为400mm×350mm，预留插筋8Φ16，钢筋下端直接插入基础内部，上端与柱中的钢筋搭接。

第三节　识读楼层结构平面图和构件详图

一、楼层结构平面图概述

（一）楼层结构平面图的形成、用途和内容

在结构施工图中，表示建筑物上部的结构布置的图样，称为结构布置图。在结构布置图中，以结构平面图的形式为最多。楼层结构平面图是假想用一个水平剖切平面沿着楼面将房屋剖切后作的楼层水平投影，称为楼层结构平面图，也称为楼层结构平面布置图。

它是用来表示每层楼层的梁、板、柱、墙的平面布置，现浇钢筋混凝土楼板的构造与配筋，以及它们之间的结构关系。

楼层结构平面图包括以下内容：

（1）建筑物各层结构布置的平面图；

（2）各节点的截面详图；

（3）构件统计表、钢筋表和文字说明。

楼层结构平面图主要表示板、梁、墙等的布置情况。对现浇板，一般要在图上反映板的配筋情况，若是预制板则反映板的选型、排列、数量等。梁的位置、编号以及板、梁、墙的连接或搭接情况等都要在图中反映出来。另楼层结构平面图还反映圈梁、过梁、雨篷、阳台等的布置。楼层结构平面图是施工时安装梁、板、柱等各种构件或现浇各种构件的依据。在楼层结构平面图中，每层的构件都要分层表示，但对有些布置相同的楼层，只画出一个结构平面图，再加文字或符号说明其区别即可。

（二）楼层结构平面图的图示特点

（1）预制构件的布置方式有两种形式

①结构单元范围内（即每一开间）按实际投影用细实线分块画出各预制板，并写出数量、规格及型号。如图 3-12（a）、（b）所示。

②在每一结构单元范围内，画一条对角线，并沿着对角线方向注明预制板的块数、规格及型号。如图 3-12（c）所示。

对于预制楼板铺设方式相同的开间，可用相同的编号，如甲、乙等表示，就不必一一表示楼板的布置情况了。

③楼层结构平面图中的预制混凝土多孔板都用规定的代号和编号表示，查看这些代号就可以知道这些构件的规格和尺寸。

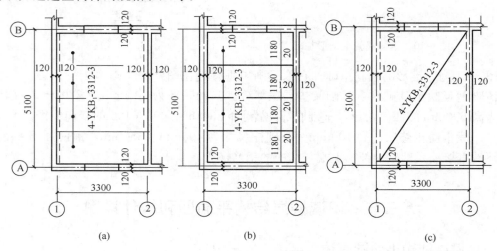

| | (a) | (b) | (c) |

图 3-12　楼层结构平面图的表示方法

对于预制混凝土多孔板的标注方法见江苏省标准图集。

过梁设置在门窗洞口的上部，主要是为了承受上部的载荷，并将载荷传递到门窗两侧的墙上。过梁的构造有砖砌过梁和钢筋混凝土过梁两种。钢筋混凝土过梁的断面形状如图 3-13 所示。在过梁的标注中分别用阿拉伯数字 1、2、3 来表示矩形断面、小挑口断面和大挑口断面。

对于各种梁（如楼面梁、雨篷梁、阳台梁、圈梁和门窗过梁等）在结构平面布置图中用粗单点划线表示它们的中心线位置。

（2）现浇构件（或局部现浇构件），则应在图内画出钢筋的布置情况，每一种钢筋只画一根，或只画主筋，其他钢筋可从节点详图中查阅。如图 3-14 所示。

（3）习惯上把楼板下的墙体和门窗洞位置线等不可见线不画成虚线，而改画成细实线，如图 3-14 所示。

（4）楼梯间的结构布置，一般在结构平面图中不予表示，只用对角线表示楼梯间，这部分内容在楼梯详图中表示。

（5）结构平面图的定位轴线必须与建筑平面图一致。

（6）当楼层平面图完全对称时，可只画一半，中间用对称符号表示。

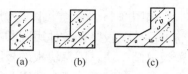

图 3-13　钢筋混凝土
过梁的断面形式

（a）矩形断面；（b）小挑口断面；
（c）大挑口断面

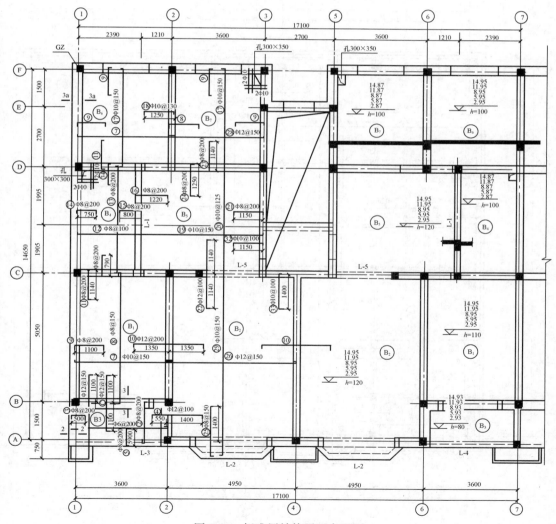

图 3-14　标准层结构平面布置图

二、识读楼层结构平面图

如图 3-14 所示，绘图比例为 1：50，图上被剖切到的构造柱被涂黑。楼板按相同配筋、尺寸、板厚等条件用圆圈加编号的形式标出，楼板配筋用粗实线按规定画法画出，一种板只画一块。因每块板的板厚、标高不尽相同，所以需要一一标出，并在高低变化处画出了重合断面图。楼梯间因为需另画详图，这里仅画一条对角线并标注说明。

三、识读屋顶结构平面图

屋顶结构平面图表达内容与楼层结构平面图基本相同。如图 3-15 所示。但屋顶结构形式有时会有变化（如平屋顶、坡屋顶等），在图中要用适当的方法表示出来。

图 3-15 是某住宅单元屋顶结构平面图，绘图比例 1：50，四周反檐外其他结构线均为

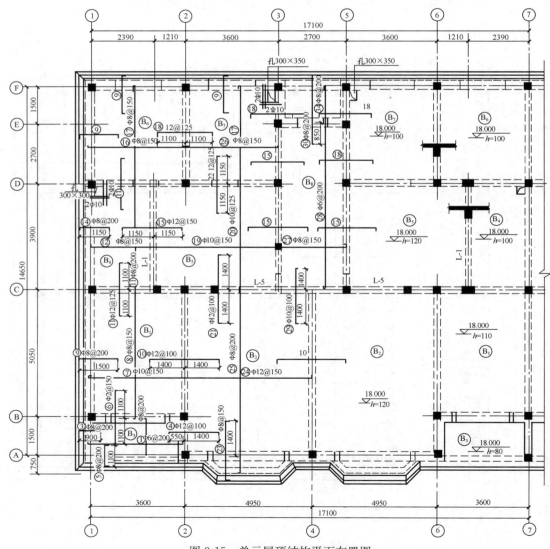

图 3-15 单元屋顶结构平面布置图

虚线（如墙、梁等）。楼板配筋与楼层结构平面图基本相同，只增加了楼梯间上部板的配筋。

四、识读楼梯结构详图

楼梯结构详图由各层楼梯的结构平面图、楼梯的结构剖面图和配筋图组成。

（一）楼梯结构平面图

楼梯结构平面图主要表明各构件（如楼梯梁、梯段板、平台板以及楼梯间的门窗过梁等）的平面布置的代号、大小、定位尺寸以及它们的结构标高。

楼梯结构平面图与"建施"中的楼梯建筑平面图这两者尽管都是反映楼梯的平面布置情况，但它们是有区别的。楼梯结构平面图主要表示楼梯间各构件的情况，而楼梯建筑平面图主要表示楼梯段的水平长度和宽度、各级踏步的宽度、平台的宽度和栏杆扶手的位置。楼梯结构平面图中的轴线编号应和建筑施工图一致，剖切符号一般只在底层楼梯结构平面图中表示。钢筋混凝土楼梯的不可见轮廓线用细虚线表示，可见轮廓线用细实线表示，剖到的砖墙轮廓线用中实线表示。底层、二层、顶层楼面的楼梯梁顶面处，用水平面剖切后，向下投影所画出的，可以看出，楼梯平台，楼梯梁和楼梯段都是现浇结构。

如图 3-16 所示为楼梯结构平面图，从图中看出楼梯位于Ⓒ～Ⓔ轴与③～⑤轴线间，从地下室上到第一休息平台（标高－1.070m）共有 9 级踏步，每步宽 300mm；TB_1、TB_2 分别是踏步板 1、踏步板 2 的编号，从图 3-16（c）中看到 TB_1、TB_2 的长为 2400mm，宽均为 1170mm，其中 TB_1 只在中间 670mm 范围内有踏步，两边为斜平板。TL_1 表示支撑楼梯平台板的平台梁。XB_1、XB_2 表示两个休息平台板，其标高分别为 －1.070m、－0.020m，板厚 $h=80$mm。在图 3-16（b）中画出了平台板 XB_1、XB_2 的配筋情况。

（二）楼梯结构剖面图

楼梯结构剖面图表示楼梯的承重构件竖向布置、构造和连接情况。如图 3-17 所示为一楼梯结构剖面图（对照图 3-16（c）地下室楼梯结构平面图中的剖切符号），它表示了剖切到的踏步板、楼梯梁和未剖切到的可见的踏步板的形状和联系情况，也表示了剖切到楼梯平台的预制板和过梁。在楼梯结构剖面图中，应标注出楼层高度和楼梯平台的高度。这些高度均不包括面层厚度，可用结构标高标注。此外还需标注出梁底的结构标高。

如图 3-17（a）所示是 1—1 楼梯剖面面，主要表示了 TB、TL、XB 在竖向的位置、标高、结构情况。由图中看出 TB_1、TB_2 各一块，TB_3、TB_4 各 5 块，TL_1 12 根，各构件在空间的位置一目了然。图 3-20（b）、（c）、（d）、（e）分别为 TB_1、TB_2、TB_3、TB_4 的剖面图；图 3-17（f）为平台梁 TL_1 的剖面图。从图 3-17（b）可以看出，从地下室 －2.420m 到－1.070m 共有 9 步，每步高 150mm。

（三）楼梯构件详图

在楼梯结构剖面图中，由于比例较小，构件连接处钢筋重影，无法详细表示各构件配筋时，可用较大的比例画出每个构件的配筋图，即楼梯构件详图。

如图 3-17（b）、（c）、（d）、（e）、（f）为楼梯构件详图，也就是楼梯配筋详图。从图

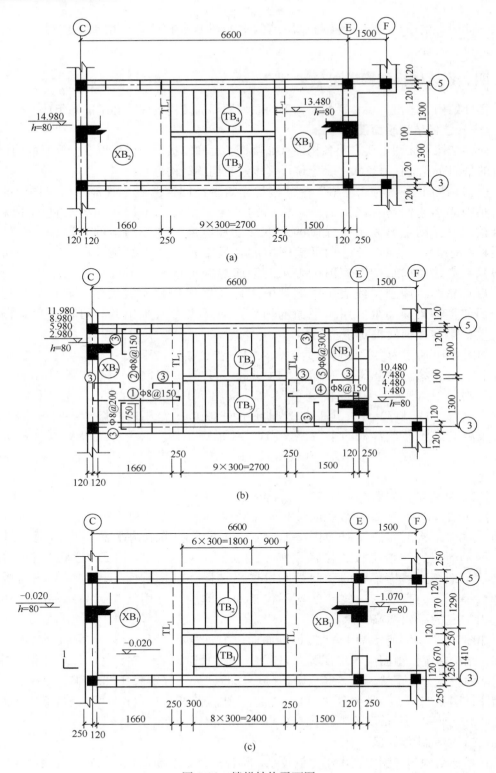

图 3-16　楼梯结构平面图

（a）顶层楼梯结构平面图；（b）标准层楼梯结构平面图；（c）地下室楼梯结构平面图

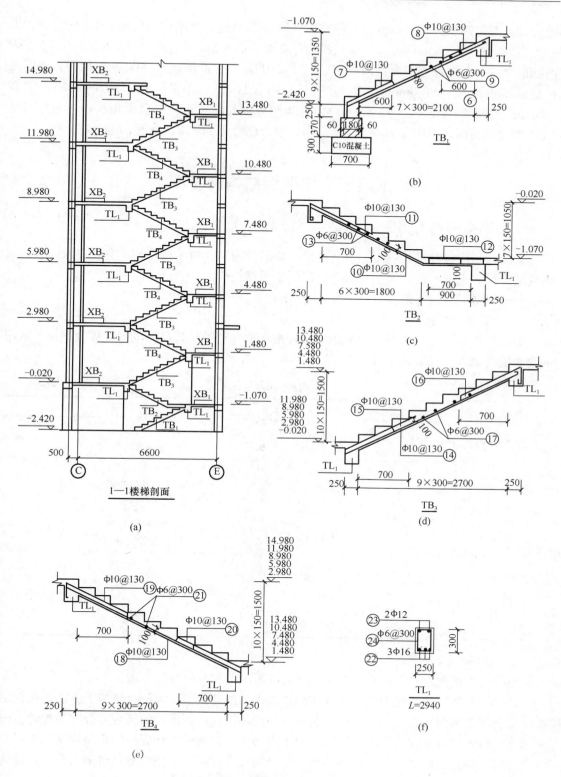

图 3-17　楼梯结构剖面图

中可知，TB_1 踏步板厚 80mm 并与平台梁 TL_1 直接相连，梯板中的配筋⑥Φ10@130 为纵向受力筋，布置在板底；⑨号分布筋横向布在受力筋上面，⑦、⑧号为构造筋，布置在板两端的上方，两端深入平台梁内。TB_2、TB_3、TB_4 的构造形式与 TB_1 基本相同，不同之处是踏步板厚改为 100mm，TB_2 为折板。图 3-17（f）为平台梁 TL_1 断面图，梁宽 250mm，梁高 300mm，长 2940mm，左右两侧分别与踏步板、平台梁相连，它的标高见 1—1 楼梯剖面图，梁中受力筋㉒为 3Φ16，架力筋㉓为 2Φ12，箍筋Φ6@200。

第四节　识读钢结构施工图

一、钢结构施工图概述

钢结构是由各种形状的型钢组合连接而成的结构物。由于钢结构承载能力大，所以大跨度的桥梁、工业厂房、高层建筑等都广泛采用钢结构。

（一）型钢及其连接

1. 型钢的种类和标注

钢结构中所使用的钢材是由轧钢厂按标准规格（型号）轧制而成的，称为型钢。常用的型钢的种类及标注方法见表 3-8。

型钢的种类及标注　　　　　　　　　　　　　　　　表 3-8

名　称	截　面	标　注	说　明
等边角钢	L	∟$b \times t$	b 为肢宽 t 为肢厚
不等边角钢	$_B$L	∟$B \times b \times t$	B 为长肢宽 b 为短肢宽 t 为肢厚
工字钢	I	I$_N$　Q I$_N$	轻型工字 钢加注 Q 字
槽　钢	[	[$_N$　Q [$_N$	轻型槽钢 加注 Q 字
钢　板	-	$\dfrac{-b \times t}{L}$	$\dfrac{宽 \times 厚}{板长}$

2. 型钢的连接方法

型钢的连接主要有焊接和铆接两种方法，下面着重介绍焊接方法。

焊接就是通过加热或加压或两者并用，使得焊件连接在一起的金属加工方法。在钢结构施工上，常用焊接方法把型钢连接起来。焊件经焊接后所形成的结合部分称为焊缝。由于设计时对连接有不同的要求，所以产生了不同的焊缝形式。在焊接的钢结构图纸上，必须把焊缝的位置、形式和尺寸标注清楚。焊缝的形式和尺寸等用焊缝代号来表示。焊缝代号主要由基本符号、补充符号、指引线、焊缝尺寸符号等组成。

（1）基本符号

　　基本符号是表示焊缝横剖面形状的符号，它采用近似于横剖面形状的符号来表示，具体参见《焊缝符号表示法》GB/T 324—2008。常用的基本符号见表3-9。

常用基本符号　　　　　　　　　　　　　　　　　　　　　　表3-9

焊缝名称	焊缝形式	符　　号
I 形焊缝		‖
V 形焊缝		∨
单边 V 形焊缝		⋁
带钝边 U 形焊缝		Y
角焊缝		∠
点焊缝		○

　　（2）补充符号

　　补充符号是用来补充说明有关焊缝或接头的某些特征如表面形状、焊缝分布、施焊地点等），部分补充符号见表3-10。

　　（3）指引线

　　指引线一般由箭头线和基准线（实线和虚线）组成，其画法如图3-18所示。指引线指向焊缝处，横线一般应与主标题栏平行。焊缝符号在横线上的标注方法如下：如果焊缝的外表面（焊缝面）在接头和箭头同侧，标注在横线上；如果焊缝的外表面在接头的其他侧，标注在横线下；如果焊缝在接头的平面内，则穿过横线。必要时，可在横线末端加一尾部，作为其他说明之用（如焊接方法等）。具体标注示例，见表3-11。

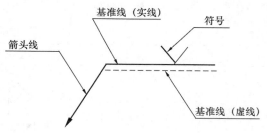

图 3-18　焊接指引线的画法

　　（4）焊缝符号及焊缝尺寸标注

　　焊缝尺寸一般不标注。如设计或生产需要注明焊缝尺寸时，可见表3-12中常见焊缝符号和焊缝尺寸标注示例进行标注。

二、识读钢屋架结构详图

　　钢屋架结构详图是表示钢屋架的形式、大小、型钢的规格、杆件的组合和连接的图样。主要包括屋架简图、屋架详图（包括节点图）、杆件详图、连接板详图、预埋件详图以及钢材用量表等。图3-19就是一个梯形钢屋架的结构详图。

部分补充符号 表 3-10

名　称	符号	示意图	标注示例	说　明
三角焊缝符号	⌐	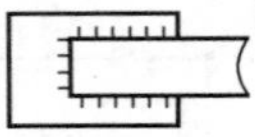	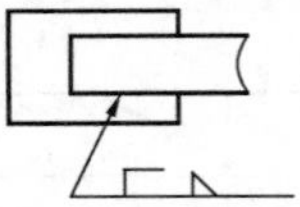	表示三面施焊的角焊缝
周围焊缝符号	○	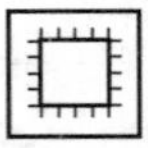	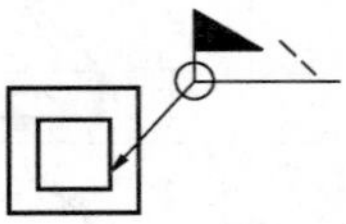	表示现场沿工件周围施焊的角焊缝
现场符号	◤	—		

（一）屋架简图

屋架简图是用以表达屋架的结构形式，各杆件的计算长度，作为放样的一种依据。在简图中，屋架各杆件用单线画出，一般画在图纸的左上角或右上角。对于左右对称屋架，可以画出一半多一点，然后用折断线断开。如图 3-19 所示。屋架上方的杆件称上弦杆，下方的杆件称为下弦杆，中间的杆件称为腹杆，腹杆包括斜杆和竖杆。屋架简图中要注明屋架的跨度（24000）、高度（3190）以及节点之间杆件的长度等尺寸。

（二）屋架详图

屋架详图是用较大的比例画出的屋架立面图。对于对称的屋架也可以只画出一半多一点后折断。由于现在仅作为介绍钢结构图样概念的示例，所以图中只画出了左端的一小部分。在各杆件相交处称为节点，在节点处用钢板（节点板）把各杆件连接在一起。

焊缝种类和表示方法 表 3-11

名　称	符号	示意图	标注示例	
I 形焊缝	‖			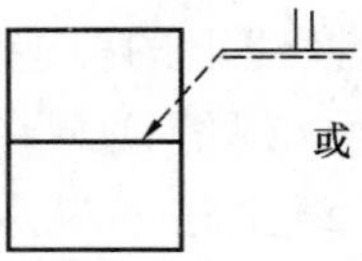 或 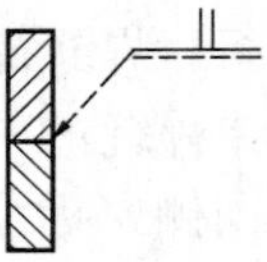
V 形焊缝	∨			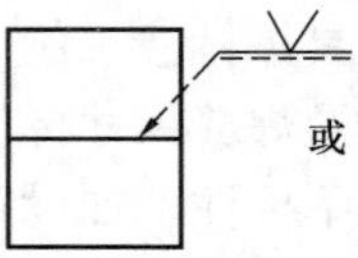 或 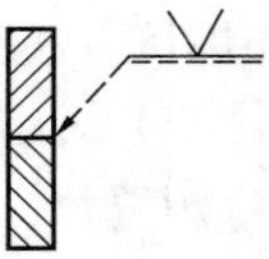
带钝边 V 形焊缝	Y			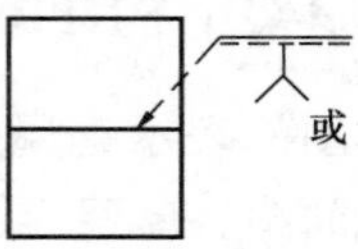 或 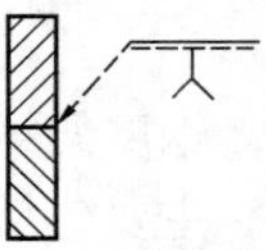

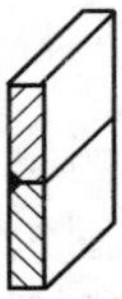

名　称	符号	示意图	标注示例
单边 V 形焊缝	 V	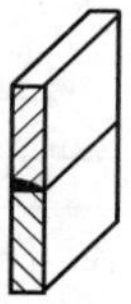	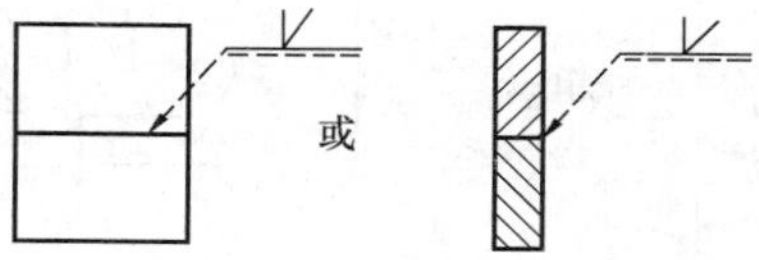
带钝边单边 V 形焊缝	 Y		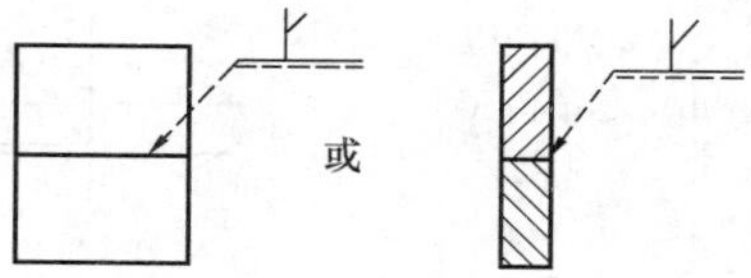
角焊缝	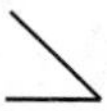 ∠	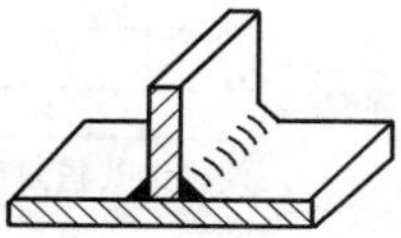	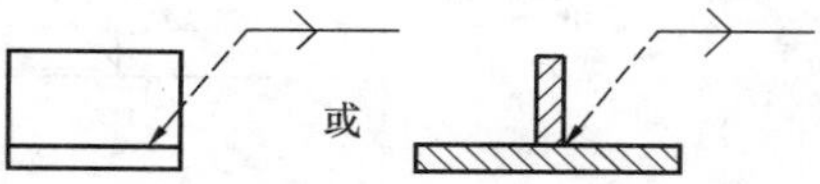
点焊缝	 ○	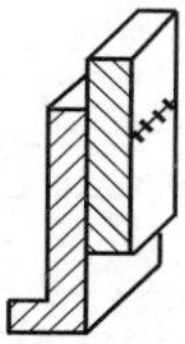	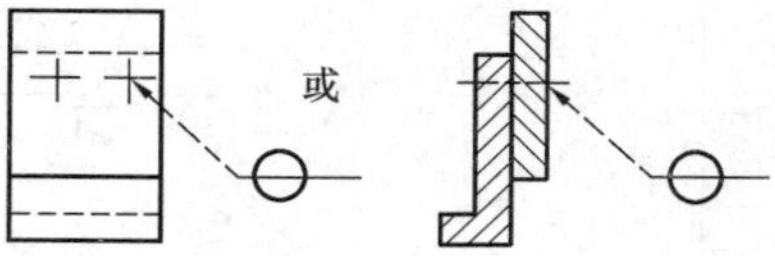

下面我们以图 3-19 为例，说明如何识读屋架结构详图。

从图中可以看出，上弦杆 2L180×110×12 为两根不等边角钢组成，长肢宽为 180mm，短肢宽为 110mm，肢厚为 12mm，指引线下面的长度 11960mm 为上弦杆的长度。上弦杆两根角钢之间连接板标注为 8—80×8 和 130 表示上弦杆通过 8 块宽度为 80mm、厚度为 8mm、长度为 130mm 的扁钢焊接在一起，连接板的作用是使两角钢通过连接板焊接，加强整体性，增强刚性。下弦杆的识读方法同上弦杆。左端的竖杆为 2L75×5 表示竖杆由两根等边角钢组成，角钢肢宽 75mm，肢厚 5mm，角钢长为 1788mm。竖杆由两块扁钢作为连接板焊接在一起，由两根扁钢标注为 2—60×8 和 95 表示宽为 60mm、厚为 8mm、长为 95mm。至于图中其他的竖杆和斜杆的识读方法同上，请读者自己阅读。

常见焊缝符号和焊缝尺寸的标注 表 3-12

序号	焊缝名称	形　式	标注法	符号尺寸（mm）
1	V 形焊缝	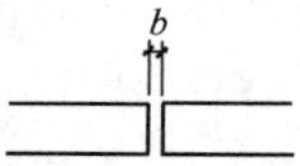	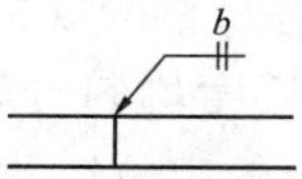	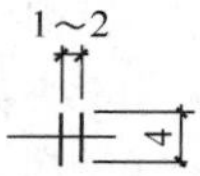

序号	焊缝名称	形　式	标注法	符号尺寸（mm）
2	单边 V 形焊缝	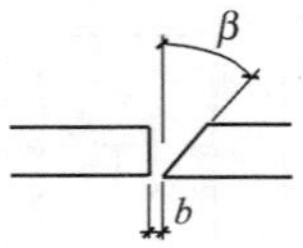	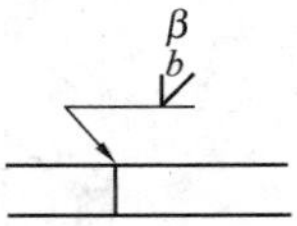 注：箭头指向剖口	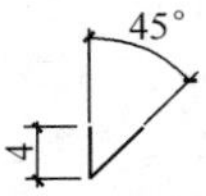 45° 4
3	带钝边 单边 V 形焊缝	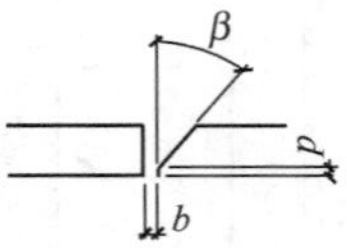	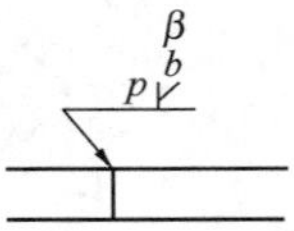	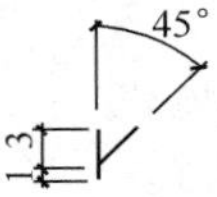 45° 3
4	带垫板 带钝边 单边 V 形焊缝	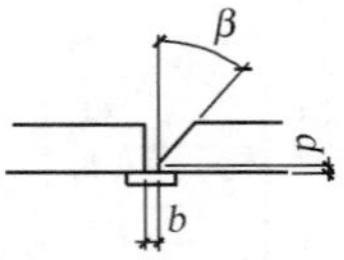	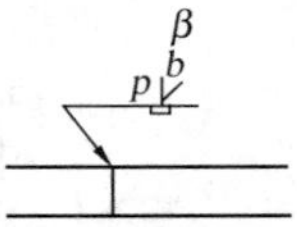 注：箭头指向剖口	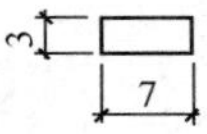 3 7
5	带垫板 V 形焊缝	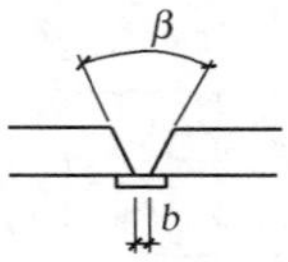	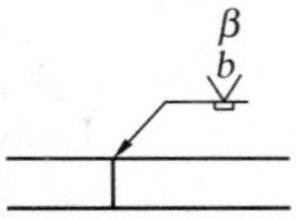	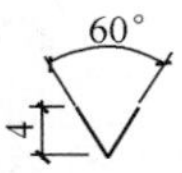 60° 4
6	Y 形焊缝	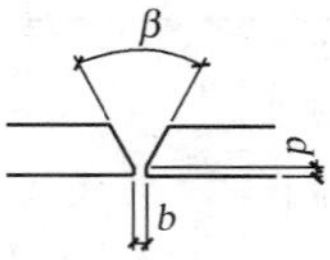	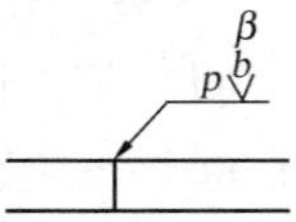	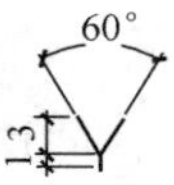 60° 3

　　钢屋架两侧下端的节点是支座节点，常将支座节点下面的垫板和柱子中的预埋钢板相焊接，使屋架和柱安装连接在一起。在钢屋架节点处，各杆件和节点板的连接情况及有关尺寸，也常常另画节点详图表示。如图 3-20 所示就是图 3-19 的钢屋架中编号为 2 的一个下弦节点的详图。这个节点是由两根斜杆和一根竖杆通过节点板和下弦杆焊接而形成的。两根斜杆分别由两根等边角钢 L90×6 组成，竖杆由两根等边角钢 L50×6 组成。下弦杆件由不等边角钢 L180×110×10 组成。由于每根杆件都由两根角钢所组成，所以在两角钢间有连接板。图中画出了斜杆和竖杆的扁钢连接板，且注明了它们的宽度、厚度和长度尺寸。下弦杆的连接板已在折断线之外，于是在图中未画出。节点板的形状和大小，根据每个节点杆件的位置和计算焊缝的长度来确定，图中的节点板为一矩形板，注明了它的尺寸。在节点详图中不仅应注明各型钢的规格尺寸，也应注明它的长度尺寸；除了连接板按图上所标明的块数沿各杆件的长度均匀分布安排外，在图中也应注明各杆件的定位尺寸（如 105、190 和 165）和连接板的定位尺寸（250、210、34 和 300）。

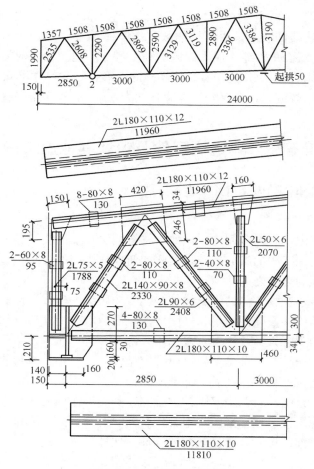

图 3-19 钢屋架结构详图

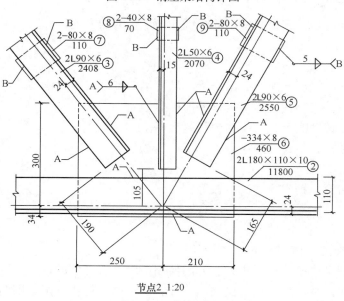

节点2 1:20

图 3-20 节点详图

103

　　另外在如图 3-20 所示中，对各杆件、节点板、连接板进行了编号，编号如图中所示，以直径为 6mm 的细实线圆表示，用阿拉伯数字按顺序编号。图 3-20 中标注了焊缝代号，虽然这个节点中都用双面角焊缝，但因焊缝的高度尺寸不同而分为两类，采用分类编号的相同焊缝符号，字母 A、B 为分类编号。从焊缝的图形符号和尺寸可知，A 类焊缝是焊缝高度为 6mm 的双面角焊缝，B 类焊缝是焊缝高度为 5mm 的双面角焊缝。

第五节　建筑构配件及识读其他施工图

一、建筑配件和构件标准图及查阅方法

（一）标准图

　　在建筑工程施工中，有许多配件、构件、材料做法及细部装修等，经常采用标准图或通用图。这些图也是施工图的组成部分，因此如何准确快速地查阅和选用这些标准图或通用图，也是必须掌握的方法之一。

　　标准图是把许多建筑物所需的各类构件和配件按照统一模数设计成几种不同规格的标准图集，这些统一的构件及配件图集，经国家建筑部门审查批准后就称为标准图。这些图可供全国各地不同的工程设计及施工直接选用。

　　标准图一般分为三种，一种是整幢房屋的定型设计，一种是大量使用的建筑构件和建筑配件标准图集，还有一种是材料做法标准图集。

　　所谓的建筑配件是指建筑物中起围护、分隔、美观等作用的非承重物体、如门、窗等称为建筑配件，简称配件。在标准图集中常用代号"J"表示，或用"配"字表示。而建筑构件是指建筑物骨架的单元，承受载荷的物件，如柱、梁、板等，均称建筑构件，简称构件。在标准图集中常用代号"G"表示，或用"结"字表示。

（二）常用构件和配件标准图

　　构、配件标准图是具有重复使用的图纸，为了查阅的方便，标准图集的封面上都写明了本图集的编号。

　　1. 常用构件标准图

　　（1）梁类有进深梁、开间梁、吊车梁、悬挑梁、基础梁、过梁等。

　　（2）板类有各种空心板、槽型板、屋面板等。

　　（3）屋架包括跨度或形状不同的各种屋架等。

　　（4）其他有楼梯、阳台、雨篷等。

　　2. 常用配件标准图

　　（1）窗类木门窗、钢门窗、窗台板等。

　　（2）其他厨房、厕所的隔断、盥洗台、水池等。

　　（3）材料做法如屋面、墙面、楼地面等。

　　3. 构配件标准图的使用范围

　　我国目前编制了许多标准图集，它们的使用范围是有区别的，一般可分为以下三类：

　　（1）经国家建设部门批准的全国通用构件、配件图，可在全国范围内使用。

　　（2）由各省、市、自治区地方批准的通用构件、配件图、可供各地区使用。

（3）各设计单位编绘的图集，仅供各单位内部使用。

全国通用的标准图集，通常采用"Ｊ×××"或"建×××"代号表示建筑标准配件类的图集，用"Ｇ×××"或"结×××"代号表示建筑标准构件类的图集。

（三）标准图的查阅方法

1. 根据说明，先找图集

根据施工图中的设计说明或图纸目录，或者索引符号上所注明的标准图集（或通用图册）的名称、编号及编制单位，查找选用的图集。

2. 明确要求，注意细则

根据选用的标准图集的总说明，明确设计依据、适用范围、选用条件、施工要求、采用材料、技术经济指标、验收要求及注意事项等。

3. 了解含义，查找目标

要了解选用图集的代号及编号的含义和表示方法。一般标准图均用代号与编号表示。构件、配件的名称均以它们的汉语拼音的第一个字母为代表（即代号）。代号和编号表明构件、配件的类别、规格及大小。

4. 选中所需，对号入座

最后根据所选标准图集的目录和构、配件的代号及编号，在本图集内查到所需详图。

二、识读地质勘探图

任何建筑的基础都建造在地基上，地基土的好坏直接影响建筑的质量，而地质勘探图是反映地基土层的基础资料，对工程的影响很大，地质勘探图与结构施工图中的基础图有密切的关系，所以施工人员除了要看建筑施工图外，应能看懂该建筑坐落处的地基的地质勘探图。一般地，地质勘探图及其相应资料都伴随基础施工图一起交给施工单位的，在看图时可结合基础图一起看地质勘探图。施工前除了读懂基础的构造，还需了解地基的构造层次和土质的性能，明确基础要埋置在某个深度的理由，基础底部位于什么土层中。看了勘探图及资料之后，可以检查基础施工的开挖深度的土质、土色、成分是否与勘探情况符合，如发现异常则应及时提出，及时采取应对措施，防止造成工程事故。

（一）地质勘探图的概念

地质勘探图是利用钻机钻取一定深度内底层土后，经过土工试验确定该处地面以下一定深度内土的成分和分布状态的图纸。地质勘探前要根据该建筑物的大小、层高，以及该处地貌变化情况，确定钻孔的数量、深度及平面布置，以提供能满足建筑基础设计需要的钻探资料。施工人员阅读该类图纸只是为了核对施工土方时的准确性和防止异常情况的出现，以便顺利施工，确保工程质量。根据国家规定，土方工程施工完成以后，基础施工之前还应请设计勘探部门验收签字后才能进行基础施工。

（二）地质勘探图的内容

地质勘探图又叫工程地质勘查报告，一般包括两大部分内容：文字和图表。文字部分有工程概况、勘察目的、勘察任务、勘察方法及完成工作量、依据的规范标准、工程地质、水文条件、岩土特征及参数、场地地震效应等，最后对地基作出一个综合的评价，提出承载力等。图表部分包括平面图、剖面图、钻孔柱状图、土工试验成果表、物理力学指标统计表、分层土工试验报告表等。地质勘察部门必须对取得的土质资料提出结论和建

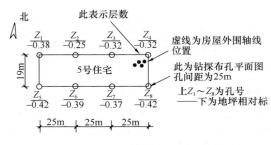

图 3-21 地质钻孔平面布置图

议，以此作为设计人员进行基础设计的参考和依据。

1. 识读建筑物外形及探点图

如图 3-21 所示为某工程的平面示意图，在建筑外形图上布了 8 个钻孔点，孔点用小圆圈表示，在孔边用数字编号。编号下一横道，横道下的数字代表孔面的标高，有的是 −0.380m，有的是 −0.250m

（说明孔面比 ±0.000 低 38cm 及 25cm）。钻孔时就按照布点图进钻取土样。这里要说明的是 ±0.000 是该房屋的相对标高，不是地面的绝对标高。

2. 识读工程地质剖面图

地质勘探的剖面图是将平面上布的钻孔连成一线，以该连线作为两孔之间地质的剖切面的剖切处，由此绘出两钻孔深度范围内其土质的土层情况。例如我们将平面图中 1~4 孔连成一线剖切后可以得到剖面图 3-22 左半部分。其中 I_2 类土约深 3~4m，在孔 4 的位置深约 5m。I_3 类土最深点又在孔 4 处，深度为 8.4m，其大致厚度约有 4m 左右，即用 I_3 类土深度减去 I_2 类土深度就为该 I_3 类土的厚度。从图上再看出 I_3 类土为 Ⅱ 类土，从图 3-22 上还可以读出该处地下水位是 −2.5m，以及各钻孔的深度。要说明的是图上孔与孔之间的土层采用直线分布表示，这是简化的方法，实际土层的变化是很复杂的。但作为钻探工作者不能臆造两孔之间的土层变化，所以采用直线表示作为制图的规则。其中图 3-22 右半部分是 5~8 钻孔剖面图。

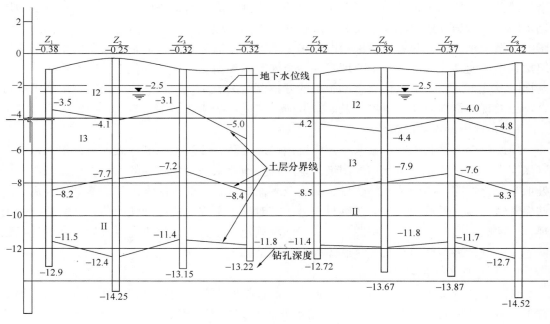

图 3-22 工程地质剖面图

3. 土层描述表

从土层剖面图看出了该建筑物地面下的一定深度内，有三类不同土质的土层。见表

3-13。可以看出不同土层采用不同代号，如 I_2 代号表示为杂填土土层，不同土层的土质也是不同的。其中的湿度、密度、状态能告诉我们土质的含水率、孔隙度、手感和色味，给人直观性强。因此施工人员看懂地质勘探图，便于与施工现场环境结合，这对掌握土方工程施工和完成房屋基础工程施工是很重要的。

土层描述表　　　　　　　　　　　　　　　　表 3-13

土层代号	土 类	色 味	厚度 （m）	湿 度	密 度	状 态	承载力 （kN/m²）	其 他
I_2	杂填土	—	3.10～5.00	稍湿	稍密	杂	70	—
I_3	素填土	褐色	3.50～4.70	湿	稍密	软塑	70	—
I_1	黏土	灰色	2.90～4.70	稍湿	中密	可塑	160/180	—

三、识读构筑物施工图

构筑物一般指不能直接提供给人们进行生产、生活和社会活动的场所。如水塔、烟囱、栈桥、堤坝、蓄水池等。它们结构体系具有独立性，可以单独成为一个结构体系，为工业生产及民用生活服务。常见的构筑物有烟囱、水塔、料仓、水池、油罐、电厂的冷却塔、高压电线的支架、挡土墙等。构筑物的外部装饰都很简单，有的甚至不加建筑装饰，构筑物要求结构坚固安全，耐久实用。下面结合烟囱了解其构造，达到能读懂构筑物的施工图。

（一）烟囱概述

烟囱是在生产或生活中采用燃料的设施，用来排除烟气的高耸构筑物。它由基础、囱身（包括内衬）和囱顶装置三部分组成。材料上可以用砖、钢筋混凝土、钢板等做成。钢筋混凝土材料建成的烟囱，由于刚度好，结构稳定，高度已达 200m 以上。钢筋混凝土烟囱构造组成如下：

（1）烟囱基础：在地面以下的部分均称为基础，它是由基础底板（很高的烟囱，底板下还要做桩基础），底板上有圆筒形囱身下的基座组成。基础底板和外壁用钢筋混凝土材料做成，用耐火材料做内衬。

（2）囱身：烟囱在地面以上部分称为囱身。它也分为外壁和内衬两部分，外壁在竖向有 1.5％～3％ 的坡度，是一个上口直径小，下部直径大的细长、高耸的截头圆锥体。外壁是钢筋混凝土浇筑而成，施工中采用滑膜施工方法建造；内衬是放在外壁筒身内，离外壁混凝土有 50～100mm 的空隙，空隙中可放隔热材料，也可以是空气层。内衬可用耐热混凝土浇筑做成。

（3）囱顶：囱顶是囱身顶部的一段构造。它的外壁部分模板要使囱口形成一些线条和凹凸面，以示囱身结束，烟囱高度到位。顶部需要安装避雷针、爬梯、顶部的休息平台和护栏等。

（二）识读烟囱施工图

1. 识读烟囱外形图

烟囱外形图主要表示烟囱的高度，断面尺寸的变化，外壁坡度的大小，各部位的标高以及外部的一些构造。如图 3-23 所示是烟囱的外形图。从图中我们可以看出烟囱高度从地面作为±0.000 点算起有 120m 高。±0.000 以下为基础部分，另有基础图纸，囱身外壁为 3‰ 的坡度，外壁为钢筋混凝土筒体，内衬为耐热混凝土，上部内衬由于烟气温度降低采用机制黏土砖。囱身分为若干段，可见图上标出的尺寸。有 15m 段及 20m 段两种尺寸。并在分段处的节点构造用圆圈画出，另绘详图说明。外壁与内衬之间填放隔热材料，而不是空气隔热层。在囱身底部有烟囱入口位置和存烟灰斗和下部的出灰口等，可以结合识图注解看外形图。

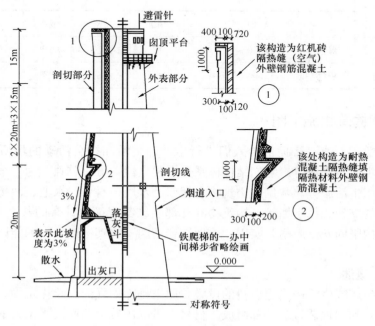

图 3-23　烟囱的外形图

2. 识读烟囱基础图

烟囱基础图主要表示基础大小和形状、基底直径、基底标高、底板厚度和配筋、基础筒身直径、壁厚、配筋及有关构造。如图 3-24 所示为烟囱基础图。烟囱基础一般指埋在自然地坪以下的部分。它包括基础底板、基础筒体、外伸圆形板，本烟囱还有钢筋混凝土预制打入桩的桩基，在图上可以看到其桩头伸入底板的示意图，具体的我们可以看图 3-24。从图中可以看出烟囱基础钢筋混凝土的具体构造。首先看出底板的埋深有 4m；基础底的直径为 18m；底板下有 10cm 素混凝土垫层；桩基头伸入底板 10cm；底板厚为 2m。其次可以分别看出底板和基筒以及筒外伸肢底板等处的配筋构造。底板配筋从图 3-24（b）中可以看出分为上下两层的配筋，且分为环向配筋和辐射向配筋两种。具体配筋可见图上注明的规格及间距。竖向剖视图在图 3-24（a）中可以看出，囱壁处的配筋构造和向上伸入上部筒体的插筋。同时可以看出伸出肢的外挑处的配筋。其使用钢筋的等级和规格及间距图上也作了注明。注意绘制时用对称符号把图面进行了分划。另外图上只表示了上下层的两层钢筋，而在施工时如何架空起来，这就要配置中间的支撑钢筋，俗称撑铁。而图纸设计时没有表达，在施工时应予考虑。在图 3-24（a）中，用虚线表示的弓形铁即为施工时应考虑制作的，到绑扎时可以使

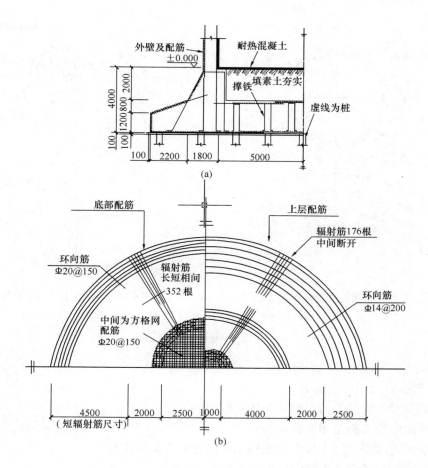

图 3-24 烟囱基础图

用，其具体数量、钢筋直径应经施工计算确定。

3. 识读烟囱外壁配筋图

一般在外形图上选取某一横断面，来说明囱壁的配筋构造。如图 3-25 所示。该横断面外直径为 10.4m，壁厚为 30cm，内为 10cm 隔热层和 20cm 耐热混凝土。外壁为双层双向配筋，环向内外两层钢筋；纵向也是内外两层配筋。配筋的规格和间距图上均有注明，可以结合文字说明读图。注意在内衬耐热混凝土中，也配置了一层竖向和环向的构造钢筋，防止耐热混凝土产生裂缝。

4. 识读烟囱顶部构造节点图

烟囱顶部构造节点图表示囱顶的构造和附加件的联结。在烟囱总体的外形图上，我们看到顶部环绕烟囱有一个平台，这部分构造较下部内容要多些，因此顶部有单独的施工图。如图 3-26 所示。在图中可以看到平台局部的平面构造示意图，平台侧向构造的剖视图，囱壁及预埋件的局部构造图，具体可以结合识图文字进行了解。钢筋混凝土烟囱施工图数量根据材料和体量的不同而不同。这里所示的图例仅仅是其中的主要部分，只要懂得了它的构造和看图方法，识读钢筋混凝土烟囱的施工图将成为容易的事情。

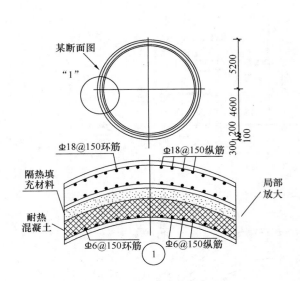

图 3-25 钢筋混凝土烟囱局部详图

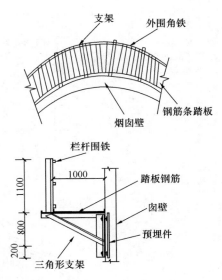

图 3-26 钢筋混凝土烟囱平台构造图

思 考 题

1. 结构施工图包括哪些内容？
2. 钢筋的弯钩起什么作用？
3. 钢筋混凝土构件中的保护层起什么作用？
4. 配筋图中的钢筋是如何标注的？
5. 梁平面整体表示法中集中标注和原位标注的含义是什么？
6. 柱表注写包括哪些内容？
7. 什么是基础平面图？
8. 楼梯结构详图组成内容是什么？
9. 什么是钢屋架结构详图？
10. 什么是标准图？怎样查阅？
11. 什么是地质勘探图？从图上能反映哪些信息？
12. 钢筋混凝土烟囱有哪些构造组成？

第四章　识读设备施工图

内　容　提　要

在房屋建筑工程中，除了土建施工以外还要包括一些配套设备的施工图，主要包括给水、排水、供暖、通风、煤气、电气和照明等。本章主要介绍如何识读室内给水排水施工图、煤气管道施工图、建筑电气施工图和采暖通风工程图等。

第一节　识读给排水和煤气管道施工图

一、识读室内给水施工图

室内给水工程的任务就是在保证水质、水压、水量的前提下，将水自室外给水总管引入室内，并分别送到各用水点。

（一）室内给水系统的分类和组成

室内给水系统按供水对象及要求的不同，可以分为以下几种类型：

（1）生活给水系统：供日常生活饮用、洗涤等用水。

（2）生产给水系统：供生产及冷却设备等用水。

（3）消防给水系统：专供各消防灭火装置用水。

在一般房屋中，给水系统只设一个，使用上对水质、水压、水量有特殊要求的可分设几个系统，但消防用水在室内要单设一个系统。

室内给水系统的组成包括基本组成和附属部分，后者根据城市给水管网的水压情况，在室内给水系统中附加一些其他必须的加压、沉淀设备，如水泵、加压塔、水箱、贮水池等。其基本组成的内容如下：

（1）引入管：自室外给水总管引至室内的管段。

（2）水表节点：位于引入管的中间，常设有水表井，在水表前后端分别设有阀门、泄水口等。

（3）给水管网：由给水干管、立管、支管组成室内给水管道网。

（4）控水、配水器材或用水设备：如管道中部的阀门、支管端部的龙头及卫生设备等均属该范畴。

（二）室内给水管网的布置形式

1. 下行上给式（如图 4-1a）

当城市给水管网水压能满足使用要求时，或在底层加设泵站时，可将给水干管敷于地下，水流经立管、支管从下至上，直接送至各用水及配水设备。这种管网布置形式构造简单，造价低，但对城市给水管网的水质、水压及水量要求较高。

2. 上行下给式（图 4-1b）

当城市给水管网的水压及水量在用水高峰期不足时，可以在房屋的屋顶设置水箱，利用用水低峰期将水引至屋顶水箱贮存，再由水箱将水供至各用水及配水设备。这种管网布置形式能较好地保证高层用户的用水，但造价高、构造较复杂，且水质容易被第二次污染。比较简单的建筑，也可将给水与排水平面图绘制在一起。若多个楼层给水、排水平面式样相同，也可用一个标准层平面代替。

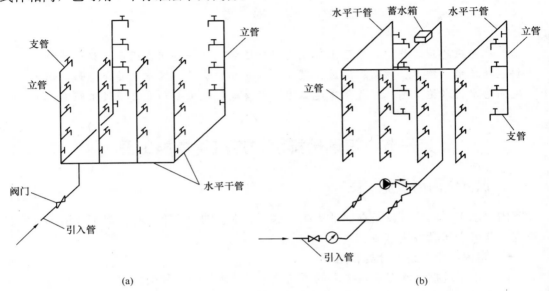

图 4-1　室内给水管网布置

（a）直接供水的水平环形下行上给式；（b）设水泵、水箱的枝状上行下给式

（三）室内给水施工图的内容

室内给水施工图主要包括给水平面图、给水系统图、节点详图和说明等几个部分，下面分别简述如下。

1. 室内给水平面图（图 4-2）

室内给水平面图是以建筑平面图为基础（建筑平面以细线画出）表明给水管道、用水设备、器材等平面位置的图样。室内给水平面图主要内容：

（1）表明房屋的平面形状及尺寸、用水房间在建筑中的位置。

（2）表明室外水源接口位置、底层引入管的位置以及管道直径等。

（3）表明用水器材和设备的位置、编号、管径、型号及安装方式等。支管的平面走向、管径及有关平面尺寸等。

2. 室内给水系统图（图 4-3）

室内给水系统图是表明室内给水管网和用水设备的空间关系及管网、设备与房屋的相对位置、尺寸等情况的图样，一般采用 45°三等正面斜轴测绘制。给水系统图具有较好的立体感，与给水平面结合，能较好地反映给水系统的全貌，是对给水平面图的重要补充。室内给水系统图主要内容：

（1）表明建筑的层高、楼层位置（用水平线示意）、管道及管件与建筑层高的关系等，

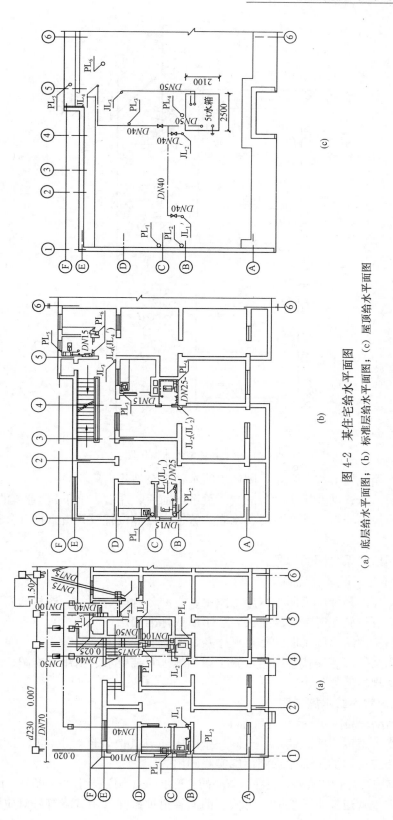

图 4-2 某住宅给水平面图

(a) 底层给水平面图; (b) 标准层给水平面图; (c) 屋顶给水平面图

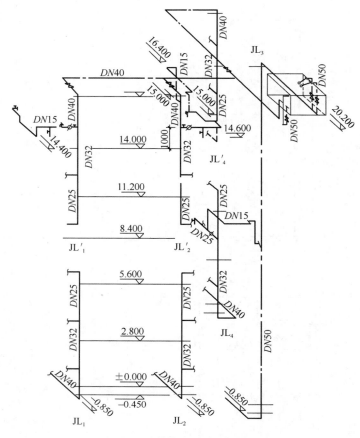

图 4-3 某住宅给水系统图

如设有屋面水箱或地下加压泵站，则还表明水箱、泵站等内容。

（2）表明给水管网及用水设备的空间关系（前后、左右、上下），管道的空间走向等。

（3）表明控水器材、配水器材、水表、管道变径等位置及管道直径（公称直径）以及安装方法等。

（4）表明给水系统图的编号。

3. 节点详图、目录、说明

给水施工详图是详细表明给水施工图中某一部分管道、设备、器材的安装详图。国家及各省市均有可供施工时参见的有关安装手册或标准图。

目录表明室内给水施工图的编排顺序及每张图的图名。

说明是用文字内容交代室内给水施工图的施工安装要求、引用标准图、管材材质及连接方法、设备规格型号等。

（四）识读室内给水施工图

1. 室内给水管道的图示方法和标注

（1）给水管道以粗实线表示，若同一张图中还有其他管道，也可以用粗点划线表示，以示区别。相应房屋的平面轮廓则用细实线画出。

（2）若需将部分管道省略，可在欲省略的管道上的适当位置用"S"断开，以示省略。

（3）当多根管道投影重叠时，可假设前面管道被截开（用省略符号对应画出）层层显露出下面的管道。

（4）当管道交叉时，位于前面的（上面的）管道完整画出，位于后面的（下面的）管道断开表示。

（5）在管道图中，用 DN 表示管径（公称直径），以 mm 为单位，且一般不予注写。

（6）有关管道连接件及配件（如短接、活接头、堵头等）在图中均不标注，弯头、三通等仅表示相应管子的直径。

2. 给水器材及设备图例符号

在室内给水施工图中，给水器材及设备一般用图例符号表示。图例符号应按照《建筑给排水制图标准》GB/T 50106—2010 绘制。表 4-1 是常用室内给水器材图例。

常用室内给水器材图例　　　　　　　　　　　　　　表 4-1

序号	名　称	图　例	序号	名　称	图　例
1	生活给水管	 —— J ——	11	止回阀	
2	多孔管		12	水嘴	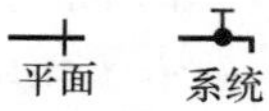 平面　系统
3	弯折管	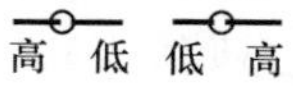 高 低　低 高	13	室内消火栓（单口）	 平面　系统
4	管道交叉	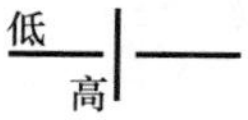 低／高	14	室内消火栓（双口）	 平面　系统
5	法兰连接管	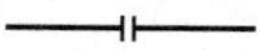	15	室外消防栓	
6	承插连接管	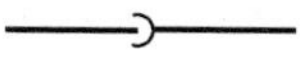	16	淋浴喷头	
7	活接头连接管	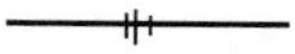	17	水表井	
8	管堵		18	管道固定支架	
9	截止阀		19	潜水泵	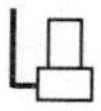
10	闸阀		20	水泵接合器	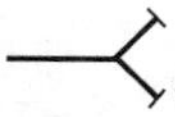

3. 识读室内给水施工图示例

室内给水施工图具有首尾相连、有始有终，不突然产生、也不突然消失，管道来龙去脉很清楚等特点。识读时要根据图示特点循序渐进地进行，先从目录入手，了解设计说明，根据给水系统的编号，沿水流方向，由干管、立管、支管到用水设备，识读时要将平面图与系统图结合起来，对照识读。

以图 4-2（a）为例，室外给水管为 DN70 镀锌管，分两路引入，左边 DN50 引入管经水表井后分开三支，分别送到左边户 JL₁（1～3 层）、中间户 JL₂（1～3 层）和右边户

JL$_4$（1～3 层）。右边 DN50 引入管经水表井，送到位于楼梯一侧的 J$_3$，由图 4-2（b）、图 4-2（c）和图 4-3 可知该立管将水送到屋面水箱后，再由水箱分别供给左边户 JL$_1$′（4～6 层）、中间户 JL$_2$′（4～6 层）和右边户 JL$_4$′（4～6 层）。就户内供水，以左边户为例加以说明。左边户用水由立管 JL$_1$（JL$_1$′）接出 DN25 支管，经截止阀、水表，首先供给龙头，再给蹲便器供水，再拐弯穿墙，供给洗涤池水龙头。有关管径及标高在图中已注明。就屋顶给水平面而言，从图 4-2（c）和图 4-3 可见，水经 JL$_3$ 送到屋面水箱内（端部设有两个浮球阀），水箱放空和溢流连成一体排出，从水箱底接出供水主管。分别供给 JL$_1$′、JL$_2$′和 JL$_4$′。

4. 识读室内给水施工图注意事项

（1）室内给水管道具有很强的连贯性，从用水设备开始，顺着给水管道这条线就可以找到室外水源，反之亦然。

（2）某些细部的构造做法及尺寸数值，在图纸上一般不加说明，施工时应遵从有关设计规范和施工操作规程的规定。

（3）在轴测图中，相同布置的管网，可以省略不画，而注明"同某层"。建筑物的楼地面用细水平线表示并标注标高。管道所注标高除特别注明外均指管中心标高。

（4）卫生设备在平面图中注明其位置，而在系统图中则可不画。

（5）管道在室内布置分明装与暗装两种，当管道暗装时应特别说明。

（6）对建筑构造和尺寸不明时，应查阅土建施工图。

二、识读室内排水施工图

室内排水系统主要是将房屋卫生设备或生产设备排除的污水通过室内排水管排至室外排水窨井中。

（一）室内排水系统分类和组成

按排水性质分为生活污水排水系统、生产污（废）水排水系统和雨水排水系统三类。

1. 室内排水系统的组成

室内排水系统是把各个用水设备内的污水经排水栓，排至横支管、立管、排出管，再排至窨井（化粪池）。

（1）卫生设备（生产设备）

清洁的水供到用水设备后，经使用即变为污水，卫生设备是室内排水的起点，主要用来收集污水（废水）并排至横支管。

（2）横支管

横支管是将各卫生设备排出的污（废）水排至立管。根据规定支管朝向立管应有一定坡度，横管≤135°转角处应设清扫口。

（3）排水立管

接收支管污（废）水，并排至排出管。立管上应按规定设置检查口。

（4）排出管

排出管是将立管污（废）水排至室外窨井（化粪池）。

（5）通气管

立管上端出屋面（顶部开口并加网罩）部分，用以进气、出气。

（6）清扫口和检查口

清理、疏通排水管道用。

2. 排水管材与器材

（1）管材

室内排水管一般采用铸铁坑管或 PVC 塑料管或带釉陶土管。其连接方式一般采用承插式，坑管及陶土管采用水泥麻丝接口，塑料管采用胶粘。室外排水管通常采用混凝土排水管，承插式水泥砂浆接口或平接式水泥砂浆接口。

（2）排水器材（图 4-4、图 4-5）

地漏：一般为铸铁制成，也可用塑料件，主要用于排除地面积水。

图 4-4　排水地漏　　　　　　　　　图 4-5　存水弯

存水弯：有 P 形和 S 形，其弯头处存水以堵住管内秽气进入室内。

检查口：排水立管上的清理设备，带螺栓的盖板可拆开，进行立管清理。如图 4-6 所示。

清扫口：用于清理横支管用。图 4-7 是 90°弯头所带清扫口式样。

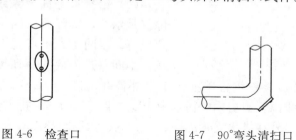

图 4-6　检查口　　　　　　　　　图 4-7　90°弯头清扫口

（二）室内排水施工图的内容

室内排水施工图主要包括排水平面图、排水系统图、节点详图及说明等。对内容简单的建筑，其排水平面图、说明等可与室内给水施工图放在一起来表达。

1. 排水平面图

排水平面图是以建筑平面图为基础画出的，其主要反映卫生洁具、排水管材、器材的平面位置、管径以及安装坡度要求等内容，图中应注明排水立管的编号。如图 4-2 所示（a）、（b）是某住宅的给排水平面图。由于内容简单，给水、排水平面在一起绘制。

2. 排水系统图

排水系统图采用 45°三等正面斜轴测画出，表明排水管材的标高、管径大小、管件及用水设备下接管的位置、管道的空间相对关系、系统图的编号等内容。

如图 4-8 所示是图 4-2 中的中间户 PL_3 及 PL_4 排水系统图。

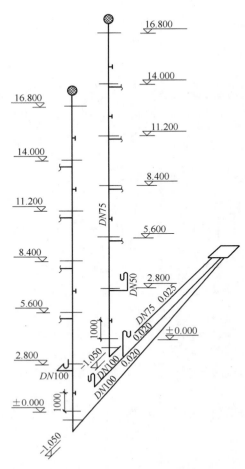

图 4-8　某住宅 PL$_3$ 及 PL$_4$ 排水系统图

3. 节点详图及说明

节点详图主要是反映排水设备及管道的详细安装方式，可参见有关安装手册。说明可并入给、排水设计总说明中，用文字表明管道连接方式、坡度、防腐方法、施工配合等诸方面的要求。

（三）室内排水施工图的识读

室内排水施工图的图示方法、反映的主要内容及供读要求等与室内给水施工图类似。下面主要将室内排水施工图与室内给水施工图在内容及图示上的差异作一介绍。

（1）室内排水施工图中管道、管件、卫生设备、器材等图例与给水施工图不同。常见室内排水器材、卫生设备、管件等图例，见表4-2。

（2）室内排水横管一般都有一定的坡度及坡向。识读室内排水施工图时，可以按污水排放的方向，由支管、排水立管至排出管循序渐进。若图中没有标注坡度，则应按照有关规范、规定执行。

（3）给排水平面及系统图中，管道图示间隙仅是示意，实际施工时应遵照有关规范、规定执行。以图 4-2（a）、图 4-2（b）及图 4-8 为例，中间一户的底层厕所蹲便器及厨房洗涤盆污水，共用一根 DN100 铸铁坑管单独排至室外窨井。楼层（2～6 层）厕所内污水经由 PL$_4$（管径 DN100）排出，厨房内的污水由 PL$_3$（管径 DN75）排出。在排水立管的顶部设有透气管及网罩，另外在排水立管的一、三、五、六层距地 1000mm 处均设有检查口。

室内排水器材及卫生设备图　　　　　　表 4-2

序号	名　称	图　例	序号	名　称	图　例
1	存水弯	⌇	4	通气帽	↑　⊛
2	检查口	⊢	5	排水漏斗	○　Y
3	清扫口	⊡　⊤	6	圆形地漏	◉　Y

序号	名　称	图　例	序号	名　称	图　例
7	方形地漏		13	挂式小便斗	
8	管道承插连接		14	蹲式大便器	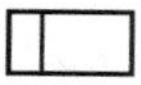
9	洗脸盆		15	坐式大便器	
10	浴　盆	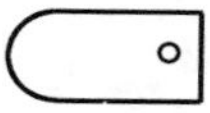	16	小便槽	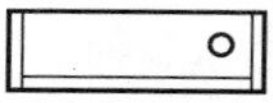
11	化验盆洗涤盆	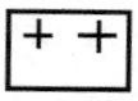	17	矩形化粪池	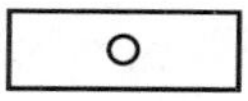 HC
12	污水池		18	圆形化粪池	 HC

三、识读煤气管道施工图

煤气管道的构造与上水管道基本上是相同的，内容分为平面图、系统图和安装节点详图，只是施工时要求的材质和密封性能要求很高。煤气管线一般没有规定的图例，但根据习惯绘法是用一划四点的线条表示煤气管线，以便于外线管道的综合图中辨出不同的管线。其他图形一般在图上均单独绘制图例加以说明即可。在构造上管线上装一凝水器及抽水装置、检漏管、用户的煤气表等。在地下部分不同于给水管道的是要做防腐，管道均用焊接来接长，闸阀要密封。

（一）识读煤气管道的外线图

煤气外线图是表示煤气管道在进入建筑物前在室外地下的埋置布置图。如图4-9所示。

煤气外线图在图上要表示出管道的走向、标高、管径、闸门井、抽水凝水装置。如

图 4-9 所示为两栋住宅外的煤气管道平面图，从图上可以看出这是一个建筑群中的煤气管道图，在西南角上有一个加压站，作用是提高市政主管道的煤气压力。加压站外有一座闸门井通过进入加压站及由加压站增压后出来的两根管子。出的主管通向东西两

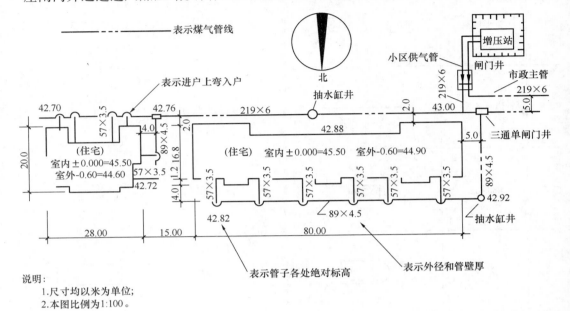

图 4-9　煤气管线外线平面图

头去，供给这小区住宅所用。在通向图上两栋住宅的管子在主管线上有两座三通单闸门井。每栋楼的主管为外径 89mm，管壁厚 4.5mm；分管为外径 57mm，管壁厚 3.5mm，进入楼内。在外线图上的一些转角处均标有管道中心的绝对高值（煤气管标高和上水管一样以管中心为准）。图上还有凝水器处的抽水缸井的设置，可以结合图上识读文字说明进一步了解。

（二）识读煤气室内平面图及系统图

煤气室内平面图上有煤气灶、煤气表、管道走向、管径标志等内容。系统图上有立管及水平管的走向，还有阀门、清扫口、活接头等位置。如图 4-10、图 4-11 所示。从图 4-11 中看到这是住宅内厨房的煤气管线及煤气灶图。左图是首层平面、右图是标准层平面，首层平面上看出有管道入楼的位置离轴线 270mm，57×3.5 管道进入楼内进墙处有套管标出另有详图。图 4-10 系统图中 57×3.5 管道进墙后向上走穿过地坪用 89×4.5 的套管，到 0.95m 时拐弯，有两个清扫口再往上到 2m 处有一个闸阀，平面图上用圆圈加 T 型表示立管及闸阀位置，再往上两米左右一头通向煤气表。由表出管道到煤气灶，高度是由 2.57m 到 2.56m 到 0.735m。在 1.7m 处有一闸阀，1.5m 处有一点火棒。再往下用活接头通向煤气灶，另一头为竖向立管往二层以上通去。其他每层构造都相同。

（三）识读煤气安装详图

煤气进墙及穿过楼板、地坪的做法均可以绘制施工详图、煤气闸门井的安装详图等。如图 4-12 所示是一个低压凝水器（抽水缸）的安装详图。上部为地面可见的井，下部为凝水器，中间为煤气管中的凝结水的管子。

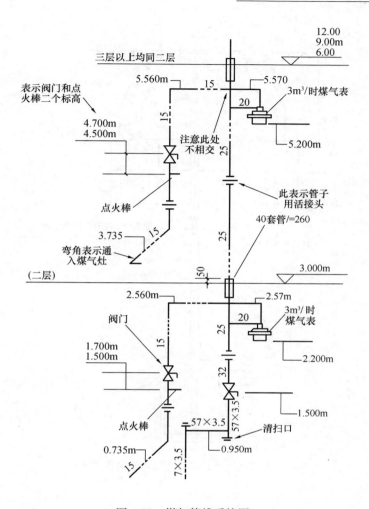

图 4-10　煤气管线系统图

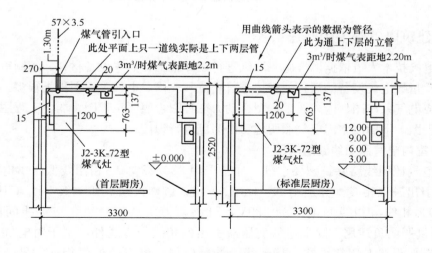

图 4-11　煤气管线室内平面图

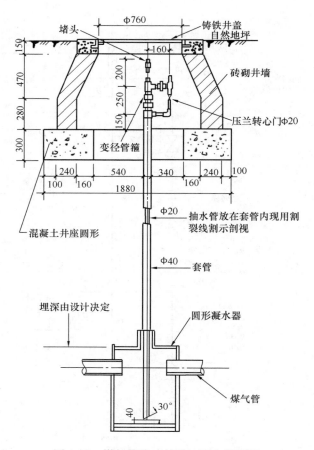

图 4-12 煤气管线（外线）凝水器详图

第二节 识读建筑电气施工图

一、建筑电气施工图概述

建筑电气技术人员依据电气施工图纸进行设计施工、购置设备材料、编制审核工程概预算，以及指导电气设备的运行、维护进行交流和检修。电气工程图种类很多，一般按功用可以分成电气系统图、内外线工程图、动力工程图、照明工程图、弱电工程图及各种电气控制原理图。下面以室内电气照明施工图为例进行识读。

（一）室内电气照明线路的电压

室内电气照明线路除特殊要求外，通常采用380/220V三相四线低压供电。从变压器低压端引出三根相线（分别用 A、B、C 表示，俗称火线）和一根零线（用 O 表示，俗称零线），相线与相线间电压为380V，可供动力负载用；相线与零线间的电压为220V，可供照明负载用。除上述从变压器引出的相线与零线外，鉴于对电气及设备保护需要，还要设置专用接地线，接地线一端与电气、设备的外壳相连，另一端与室外接地极相连。

（二）室内电气照明系统的组成

（1）室外接户线：从室外低压架空线（或地下低压电缆）接至进户横担的一段线，通常就是上述的三相四线。

（2）进户线：从横担至室内总配电盘（箱）的一段导线。它是室内供电的起端，一般为三相五线，除接户线外另一根为专用接地线。

（3）配电盘（箱）：接受和分配电能，记录切断电路，并起过载保护作用。

（4）干线：从总配电盘（箱）至各分配电箱的线路。

（5）支线：从分配箱至各用电设备的线路，亦称为回路。

（6）用电设备：消耗电能的装置。如灯具插座等。

（三）室内电气照明器材及安装方法

1. 导线

导线的种类、规格、型号很多，用途也不尽相同。常用导线型号和名称见表 4-3。导线的敷设方法有两种：一种是明敷，可采用瓷夹、槽板、铝片卡、塑料卡等固定。它具有造价小、施工方便、便于维修等优点，但不够美观。

另一种是暗敷，即导线穿入电管、焊接管、塑料管等预埋管材内（管内穿线总面积不超管子面积 40％且不超过 10 根），在接线盒内并头。它具有美观、安全等优点，但施工维修不够方便、价格高。

2. 开关

开关的种类很多，一般有空气开关、闸刀开关、灯具开关等。主要用来切断或接通电源，也兼有过流保护作用。

开关的安装方法有两种，一种是暗装式，即将开关装在开关箱内或嵌入墙内。另一种为明装式，开关明配于木基座上。

3. 电表

串联在线路中，用于记录用电量（千瓦时）。

4. 熔断器

串联于线路中，起到过流保护作用。

常用导线的型号和名称　　　　　　　　　　　　　　　　表 4-3

型　　号		名　　称
铜　芯	铝　芯	
BX	BLX	棉纱编织橡皮绝缘电线
BXF	BLXF	氯丁橡皮绝缘电线
BV	BLV	聚氯乙烯绝缘电线
	BLVV	聚氯乙烯绝缘加护套电线
BXR	—	棉纱编织橡皮绝缘软线
BXS	—	棉纱编织橡皮绝缘双绞软线
RX	—	棉纱总编织橡皮绝缘软线
RV	—	聚氯乙烯绝缘软线
RVB	—	聚氯乙烯绝缘平型软线
RVS	—	聚氯乙烯绝缘绞型软线（花线）
BVS	—	聚氯乙烯绝缘软线
YZ	YZW	中型橡胶套电缆
YC	YCW	重型橡胶套电缆

二、识读室内电气照明施工图

室内电气照明施工图是以建筑施工图为基础（建筑平面图用细实线绘制），并结合电气接线原理而绘制的，主要表明建筑物室内相应配套电气照明设施的技术要求，内容包括：目录、设备材料表、施工说明、系统图、平剖面图（平面图）。

（一）图纸目录、设备材料表、施工说明

目录表明电气照明施工图的编制顺序及每张图的图名，便于查阅。

设备材料表表明材料及设备规格、数量、技术参数、供货厂家等。

设计说明中主要说明电源来路、线路材料及敷设方法，施工中的有关技术要求等。

（二）系统图

电气系统图是说明电气照明或动力线路的分布情形的示意图。图上标有建筑物的分层高度，线的规格、类别、电气负荷（容量）的情形，如控制开关、熔断器、电表等装置。如图 4-13 所示是某住宅电气系统图，内容包括：配电箱的型号，开关规格、型号及特殊功能（如消防的强切），进、出线电缆或电线规格，出线的敷设方式，单相电源的相序分配，回路编号等，对于高低压柜的系统图，还要求有功率、电流的计算值等。

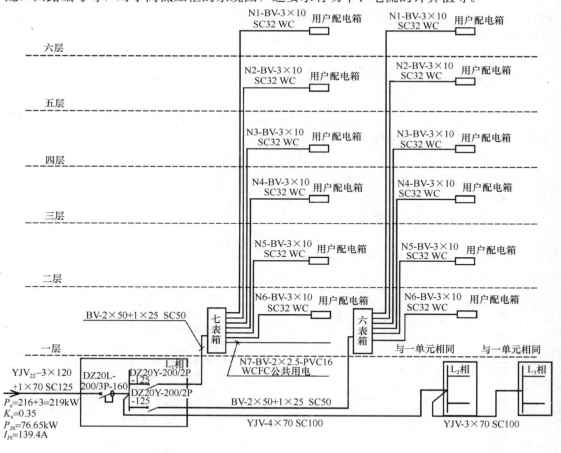

图 4-13　电气系统图

（三）电气照明施工平面图

电气照明施工平面图是在建筑平面图的基础上绘制而成的。如图 4-14 所示是某住宅首层电气照明平面图，其主要内容如下：

（1）电源进户线的位置、导线规格、型号根数、引入方法（架空引入时注明架空高度，从地下敷设引入时注明穿管材料、名称、管径等）。

（2）配电箱的位置（包括主配电箱、分配电箱等）。

（3）各用电器材、设备的平面位置、安装高度、安装方法、用电功率。

（4）线路的敷设方法，穿线器材的名称、管径，导线名称、规格、根数。

（5）从各配电箱引出回路的编号。

（6）屋顶防雷平面图及室外接地平面图，还反映防雷带布置平面，选用材料、名称、规格，防雷引下方法，接地极材料、规格、安装要求等。如图 4-15 所示。

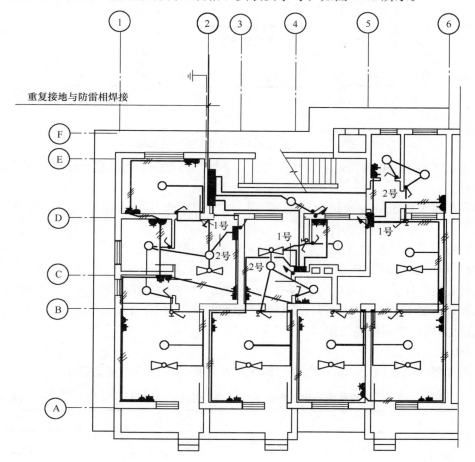

图 4-14 某住宅首层电气照明平面图

防雷工程平面图设计说明如下：

（1）本建筑防雷按三类防雷建筑物考虑，用Φ8 镀锌圆钢支出檐口在屋顶周边设置避雷带，每隔 1m 设置一处支持卡子，做法见相关图集。

（2）利用Φ10 镀锌圆钢作为防雷引下线，共分八处分别引下，要求作为引下线的构

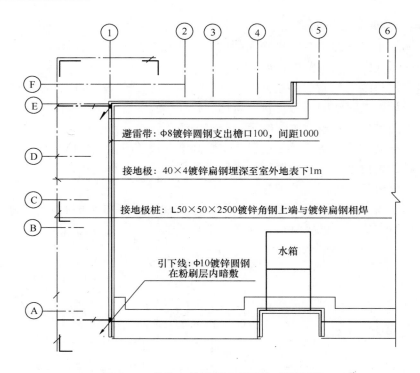

图 4-15 某住宅的屋顶防雷及接地平面图

造柱主筋自下而上通长焊接，上面与避雷带，下面与基础钢筋网连接，施工中注意与土建密切配合。

（3）在建筑物四角设接地测试点板，接地电阻小于 10Ω，若不满足应另设人工接地体。

（4）所有突出屋面的金属管道及构件均应与避雷网可靠连接。

（四）电气安装大样图

电气安装大样图是表明电气工程中某一部位的具体安装节点详图或安装要求的图样，通常参见现有的安装手册，除特殊情况外，图纸中一般不予画出。

（五）室内电气照明施工图

1. 图例

在电气照明施工图中，常用电气照明线路及灯具、器材的图例见表 4-4。

电气照明施工图中常用线路、灯具、器材图例　　　　表 4-4

序号	名　称	图　例	序号	名　称	图　例
1	单根导线		4	四根导线	
2	两根导线		5	导线引上去	
3	三根导线		6	导线引下来	

续表

序号	名　称	图　例	序号	名　称	图　例
7	导线引上并引下		18	连接盒或接线盒	
8	导线由上引来并引下		19	照明配电箱	
9	导线由下引来并引上		20	单相插座	
10	电源引入线		21	带接地孔单相插座	
11	手动开关	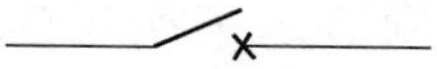	22	带接地孔三箱插座	
12	断路器		23	插座箱	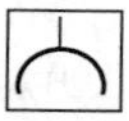
13	熔断器	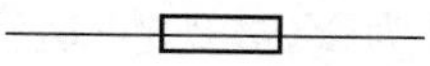	24	开关一般符号	
14	熔断器开关		25	单极开关	
15	电度线		26	双极开关	
16	灯一般符号		27	三极开关	
17	盒（箱）一般符号		28	单极拉线开关	

2. 文字符号

在电气照明施工图中，线路敷设方式、照明灯具安装方式等一般采用文字符号的形式来说明，具体见表 4-5。

（1）电气线路在平面图上的表示方法

导线的文字标注形式为：

$$a-b(c \times d)e-f$$

式中　a——线路的编号；

　　　b——导线的型号；

　　　c——导线的根数；

　　　d——导线的截面积（mm^2）；

　　　e——敷设方式；

　　　f——线路的敷设部位。

例如：WP_1-BV$(3 \times 50 + 1 \times 35)$CTCE 表示：1 号动力线路，导线型号为铜芯塑料绝缘线，3 根 $50mm^2$、1 根 $35mm^2$，沿顶板面用电缆桥架敷设。又如：WL_2BV(3×2.5)SC15WC 则表示：2 号照明线路、3 根 $2.5mm^2$ 铜芯塑料绝缘导线穿钢管沿墙暗敷。

（2）照明及动力设备在平面图上的标注方法

①用电设备的文字标注为：$\dfrac{a}{b}$ 或 $\dfrac{a}{b}+\dfrac{c}{d}$

其中 a——设备编号；

        b——额定功率（kW）；

        c——线路首端熔断器体或断路器整定电流（A）；

        d——安装标高（m）。

②配电箱的文字标注为：ab/c 或 $a-b-c$，当需要标注引入线的规格时，则标注为：

$$a=\frac{b-c}{d\ (e\times f)\ -g}。$$

例如：AP_4（XL-3-2）$\div 40$ 则表示 4 号动力配电箱，其型号为 XL-3-2，功率为 40kW。又如：$AL_{4\text{-}2}$（XRM-302-20）$\div 10.5$ 则表示第四层的 2 号配电箱，其型号为 XRM-302-20，功率为 10.5kW。

③照明灯具的标注形式为：$a-b\dfrac{c\times d\times l}{e}f$

例如：$10\text{-}YG_{2\text{-}2}\dfrac{2\times 40}{2.5}CH$ 则表示 10 盏型号为 YG2-2 的双管荧光灯，采用链吊式安装方式，高度为 2.5m。

文 字 符 号 表   表 4-5

线路敷设方式	代 号	照明灯具安装方式	代 号
明敷	M	线吊式	X
暗敷	A	链吊式	L
沿钢索敷设	S	链吊式	L
用瓷瓶或瓷柱敷设	CP	管吊式	G
用长钉敷设	QD	管吊式	G
用塑料线槽敷设	CB	吸顶式	D
用钢管敷设	G	吸顶式	D
用电线管敷设	DG	嵌入式	R
用塑料管敷设	VG	嵌入式	R
沿梁或屋架下敷设	L	顶棚内安装	DR
沿柱敷设	Z	顶棚内安装	DR
沿墙敷设	Q	墙壁内安装	BR
沿天棚敷设	P	墙壁内安装	BR
沿楼地面敷设	D	壁装式	B

第三节　识读采暖、通风工程图

一、识读采暖工程图

采暖（供热）是北方房屋建筑需要装置的设备。采暖就是在冬期时由外界给房屋供给热量，保证人们正常生活和生产活动，通风装置是随社会发展和人民生活的提高，在房屋建筑中采用的设施。因此采暖工程的施工和通风工程的安装，都有一套施工图作为安装的依据。

（一）采暖工程概述

1. 采暖工程

采暖工程是安装供给建筑物热量的管道、设备等系统的工程。如图 4-16 所示。采暖根据供热范围的大小分为局部采暖、集中采暖和区域采暖。以热媒不同又分为水暖（将水烧热来供热），汽暖管道送到建筑物内，通过散热器散热后，冷却的水又通过管道返回热源处，进行再次加热，以此往复循环。

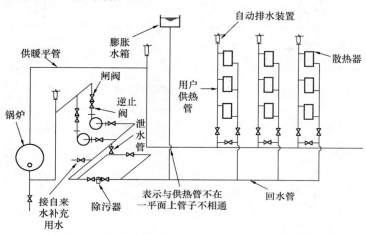

图 4-16　采暖设备体系图

此外，在采暖布管的方法上一般有四种形式：①上行式，即热水主管在上边，位置在顶棚高度下面一点；②下行式，即热水主管走在下边的，位置在地面高度上面一点；③单立式，即热水管和回水管是用以各立管的；④双立式，即热水管和回水管分别在两个管道中流动。双立式和下行式一般比较常用。

2. 图例

见表 4-6。

采暖施工图常用图例　　　　　　　　　　　　　　　　　　表 4-6

名　称	图　例	说　明	名　称	图　例	说　明
管道	——	用于一张图内只有一种管道	方形伸缩器		
	——A—— ——F——	用汉字拼音字母表示管道类别	套管伸缩器		
	—·—·—	用图示表示管道类别	波形伸缩器		
采暖　供水（或汽）管 回（凝结）水管	—— ---		弧形伸缩器		
保温管			球形伸缩器		
软管			流向	→	

续表

名 称	图 例	说 明	名 称	图 例	说 明
丝堵			散热器放风门		
滑动支架	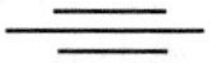		手动排气阀	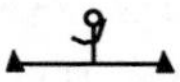	
固定支架		左：单管 右：多管	自动排气阀	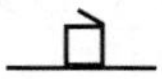	
集气罐	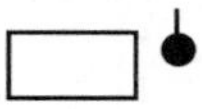		疏水器		
管道泵			散热器三通阀		
过滤器			球阀		
除污器	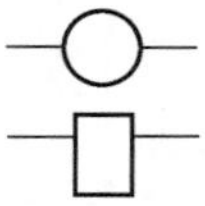	上图：平面 下图：立面	电磁阀		
暖风器			浮球阀	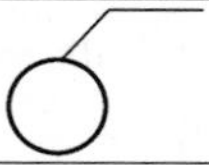	
截止阀	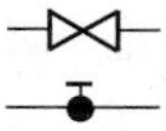		三通阀		
闸阀			四通阀	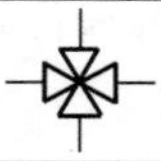	
止回阀			节流孔板	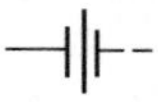	
安全阀			散热器	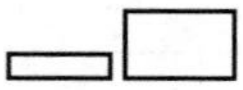	左：平面 右：立面
减压阀					

3. 采暖工程施工图的种类和内容

（1）施工图的种类

供热采暖施工图主要分为室外和室内两部分。室外部分表示一个区域的供暖管网，有总平面图，管道横剖面图，管道纵剖面图和详图。室内部分表示一栋建筑物内的供暖工程的系统，热源供给方式（如区域供暖或集中供暖；水暖或汽暖），散热器（俗称炉片）的型号，安装要求（如保温，挂钩，加放风等），检验和材料的做法和要求，以及非标准图例的说明和采用什么标准图的说明等。

（2）施工图的内容

总平面图：主要表示热源位置，区域管道走向的布置，暖气沟的位置走向，供热建筑物的位置，入口的大致位置等。

管道纵、横剖面图：主要表示管子在暖气沟内的具体位置，管子的纵向坡度、管径、保温情况、吊架装置等。

平面图：表明建筑物内供暖管道和设备的平面位置。如散热器的位置数量、水平干管、立管、阀门、固定支架及供热管道入口的位置，并注明管径和立管编号。

立管图（透视图）：表示管道走向、层高、层数、立管的管径、立管支管的连接和阀门位置，以及其他装置如膨胀水箱，泄水管，排气装置等。

详图：主要是供暖零部件的详细图样。有标准图和非标准图两类，用以说明局部节点的加工和安装方法。

（二）识读采暖工程图

1. 识读采暖外线图

暖气外线一般都要用暖气沟来作为架设管道的通道，并埋在地下起到防护、保暖作用，图上一般将暖气沟用虚线表示出轮廓和位置。暖气管道则用粗线画出，一条为供热管线用实线表示，一条为回水管线用虚线表示。如图 4-17 所示为一个集中供热采暖工程的外线图。

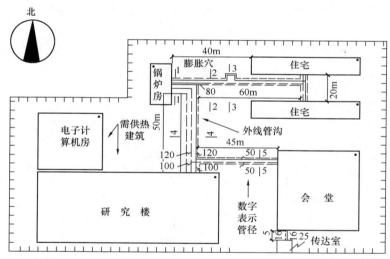

图 4-17 供暖管道外线平面图

我们在图上可以看到锅炉房（热源）的平面位置，需要供热建筑是一座研究楼、两栋住宅及一个会堂。平面图上还表示出暖气沟的位置尺寸，暖气沟出口及入口相邻。还有供管线膨胀的膨胀穴。图上还绘有暖气沟横剖面的剖切位置，其中 1—1 剖面我们可以在详图一节中看到。

2. 识读采暖平面及立管图

采暖平面及立管图指暖气管在建筑物内布置的施工图。

（1）采暖平面图

下面以某教学楼中二、三、四楼局部平面，来看采暖平面图布置。如图 4-18 所示。

从图上说明看出，该楼暖气片采用钢串片散热器。平面图上表示出了暖气片位置在窗口处，每处二片，并注有长度尺寸。在墙角处表示该处立管的位置，并对立管进行编号，以便看立管图时对照。

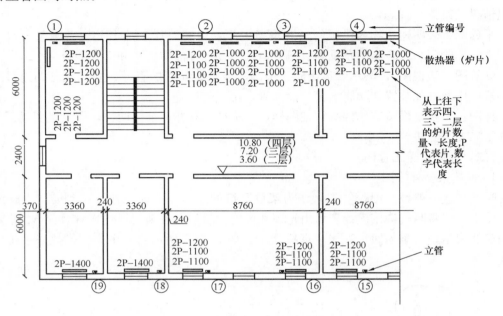

图 4-18　供暖管平面位置图

（2）立管图

对照平面图的位置，我们绘制对应的立管图，如图 4-19 所示。

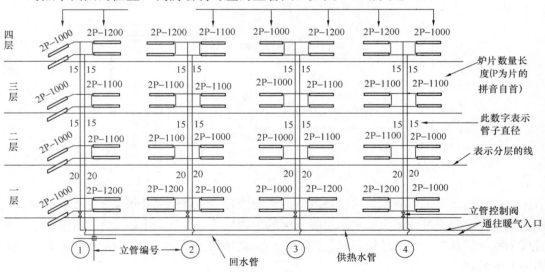

图 4-19　供暖管立体透视图

我们从图上看出这是一栋四层楼房，各层标高在平面图上及立管图上均已标出。立管上还标出了管径大小，在说明中还指出与暖气片相接的支管均为Φ15。图上还可以看出热水从供热管先流进上面的炉片，后经过弯管流入下面炉片，再由下面炉片流回到回水管中去。炉片长度尺寸和片数在图上也同样标注，便于与平面图核对。通过识读采暖平面图和立管图，我们不仅可以看出采暖构造是属于下行式和双立式的结合，更可以了解到管道的直径、尺寸、数量、炉片的尺寸数量，依据这些可以备料施工，此外图上炉片的离地高度均未注明，施工时就按规范要求高度执行。

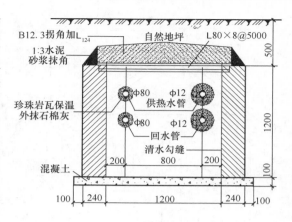

图 4-20 供暖系统详图

（3）暖气施工详图

采暖工程施工详图主要为施工安装时用，以便了解详细做法和构造要求。有的要按详图制作成型。所以采暖施工详图亦是施工图中必不可少的一部分。如图 4-20 所示为一个外线暖气沟横剖面图，只要详细阅读识图上的说明，就能看懂图纸。另外还有进供暖房屋的入口装置图，散热器（炉片）钢串片形成的大样图，这里省略不画了。

二、识读通风工程图

（一）通风工程概述

季节和天气的不同对人所处的空气环境有很大的影响。在长期的生产和生活实践中，人们为了创造具有一定的空气温度和湿度，保持清新的空气环境，使人们能正常生活和劳动，采用自然或人工的方法来调节空气。

房屋建筑上的窗户，就是起到调节空气的作用，它是利用自然空气流通的办法来调节空气。而当建筑物本身的功能已不能够解决这个问题时，如纺织厂的纺织车间，对空气要求有一定的温湿度；电子工业车间对空气要求控制含尘量，这些就要通过在建筑物内部增加建筑设备来调节空气。供热和通风就是常用来调节空气的建筑设备，供热采暖是冬季对室内空气加热以补充向外传热，用来维护空气环境温度的一种措施。通风是把空气作为介质，使之在室内的空气环境中流通，用来消除环境中危害的一种措施，主要指送风、排风、除尘、排毒方面的工程。空调是在前两者的基础上发展起来的，是使室内维护一定要求的空气环境，包括恒温、恒湿和空气洁净的一种措施。由于空调也要用流动的空气即风来作为媒介，因此往往把通风和空调融合成一体。事实上空调比通风更复杂些，它要把送入室内的空气净化、加热（或冷却）、干燥、加湿等各种处理，使温、湿度和清洁度都达到规定的要求。这里的通风工程是对通风和空调进行施工的过程。

（二）通风构造

通风方式可以分为：局部排风，即在生产过程中由于局部地方产生危害空气，而用吸气罩等排除有害空气的方法，具体形式如图 4-21 所示。局部送风，工作地点局部需要一定要求的空气，可以采用局部送风的方法，如图 4-22 所示。全面通风，这是整个生产或生活空间均需进行空气调节的时候，就采用全面送风的方法，如图 4-23 所示。

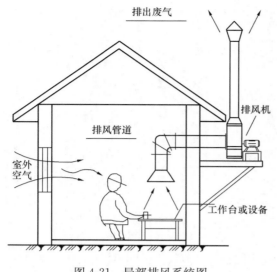

图 4-21　局部排风系统图

任何一个空调，通风工程都有一个循环系统，由处理部分，输送部分，分布部分以及冷、热源等部分组成。其全过程如图 4-24 所示。从图上可以看出送风道、回风道是属于输送部分，空气进口到送风机中间一段为处理部分，几个房间为分布部分。其中空气处理器部分一般有两种，一种是根据设计图纸现场施工的，其外壳常用砖砌或钢筋混凝土结构；另一种是工厂生产的定型设备，运到工地进行现场安装的，外壳一般是钢板。

看通风图纸只要看输送部分和分布部分的施工图，输送部分，送风道一般采用镀锌钢板或定型塑料风管做成。风道都安装在房间吊顶内。回风道一般采用砖砌地沟由地坪下通到回风机。

图 4-22　局部送风系统图

图 4-23　全面送排风系统图

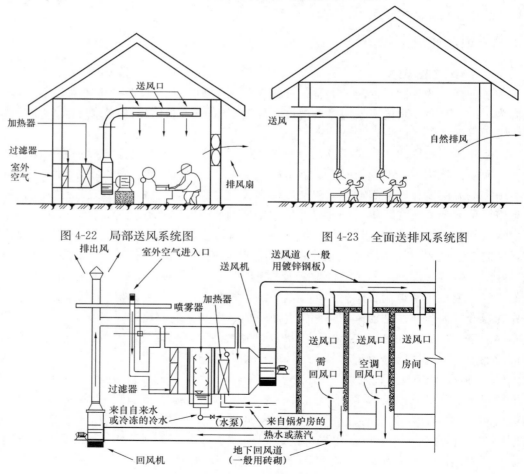

图 4-24　送风回风空调系统图

（三）通风空调工程图例

见表 4-7。

通风空调工程图例 表 4-7

名 称	图 例	说明	名 称	图 例	说明
矩形风管	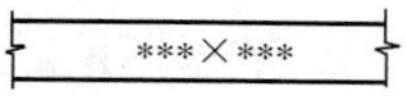 ***×***	宽×高（mm）	蝶阀	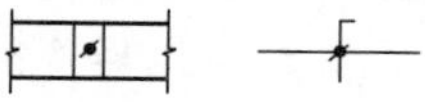	
圆形风管	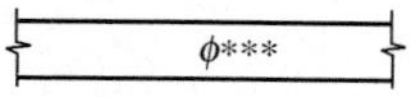 φ***	φ直径（mm）	防烟、防火阀	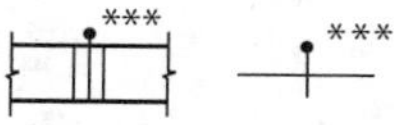	*** 表示防烟防火阀名称代号
风管向下	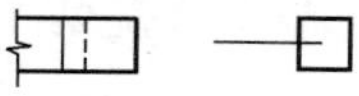		方形风口	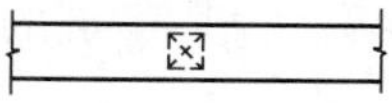	
风管向上			条缝形风口	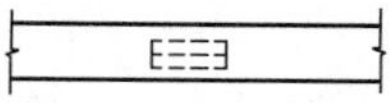	
软风管			矩形风口	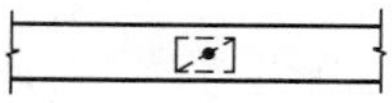	
圆弧形弯头			检修口	 J / J	
消声弯头			气流方向		左为通用表示法，中表示送风，右表示回风
风管软接头	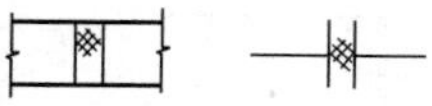		散热器与温控阀	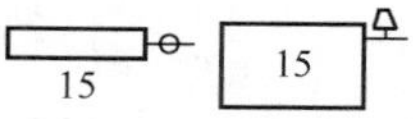 15 / 15	
插板阀	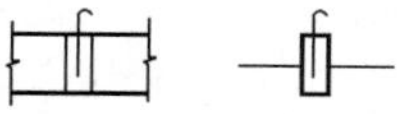		吊顶式排气扇		
余压阀	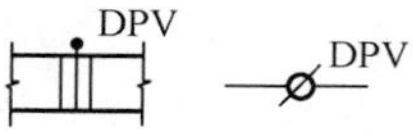 DPV / DPV		减振器		
止回风阀	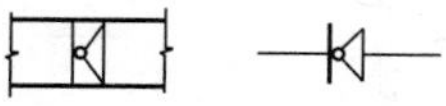		窗式空调器	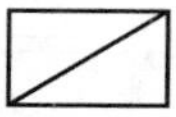	
对开多叶调节风阀	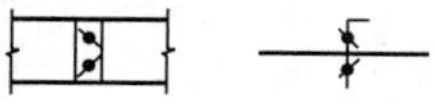		板式换热器	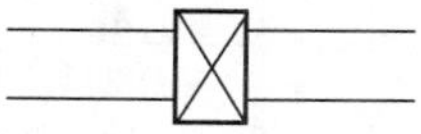	
三通调节阀	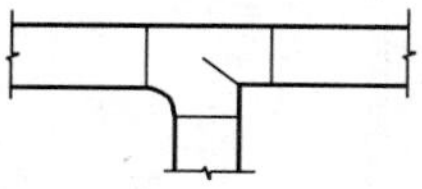		空气过滤器		

（四）识读通风工程图

1. 通风图的种类和内容

通风图纸在整个房屋建筑中属于设备图纸一类，在目录表中的图号都注上设 x 的编号。通风设计尚未有全国统一标准的图例和代号，因此图上所用比例及代号均在设计说明中加以标志。图纸的设计说明还对工程概况，材料规格，保温要求，温、湿度要求，粉尘控制程度以及使用的配套设备等加以说明。

施工图内容分为：①平面图，主要表示通风管道、设备的平面位置与建筑物的尺寸关系。②剖面图，表示管道竖直方向的布置和主要尺寸，以及竖向和水平管道的连接，管道标高等。③系统图，表明管道在空间的曲折和交叉情形，可以看出上下关系，不过都用线条表示。④详图，主要为管道、配件等加工图，图上表示详细构造和加工尺寸。

2. 识读通风管道的平面图、剖面图

（1）识读通风管道的平面图

图 4-25 所示为某建筑的首层通风平面布置图。从图上看出这是两个通风管道系统，

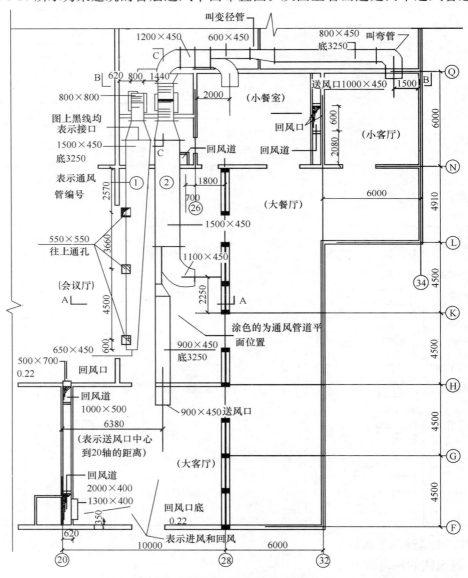

图 4-25　某宾馆通风管道局部平面图

为了明显起见管道上都涂上深颜色。看图时必须想象出这根管子不是在室内底部的平面上面，而是在这个建筑物的空间的上部，一般吊在吊顶内。其中一根是专给会议厅送风的管道；另一根是分别给大餐厅、大客厅、小餐厅、客厅四个房间送风的。图上用引出线标志出管道的断面尺寸，如 1000×450 即为管道宽 100cm，高 45cm 的长方形断面。在引出线下部写的"底 3250"，意思是通风管面离室内地坪的高为 3.25m。图上还有风向进出的箭头，剖切线的剖切位置等。从平面图上我们仅能知道管道的平面位置，这还不能了解它的全貌，还需要看剖面图才能全面指导施工。

（2）识读通风管道的剖面图

图 4-26 所示剖面图中，可以看出管道在竖向的走向和水平方向的联系。在 A-A、B-B、C-C 三个剖面中，A-A 剖面是剖切两根风管的南端，切口处均用孔洞图形表示，并写出断面尺寸，一个是 650×650，一个是 900×450，底面离地坪为 3.25m，还看到风管由首层竖向通到二层拐弯向会议厅送风，位置在会议厅的吊顶内。结合平面可以看出共三个拐弯管弯入二层向会议厅去，并标出送风口标高为 4.900m。A-A 剖面上还可以看到地面部分有回风道的入口，图上还注明回风道，必要时结合土建施工图一起识读。B-B 剖面是看到北端风管的空间位置，图上标出了风管的管底标高，几个送风口的尺寸。C-C 剖面主要表示送风管的来源、风管的竖向位置、断面尺寸、与水平管连接采用三通管、在三通管中有调节阀等。

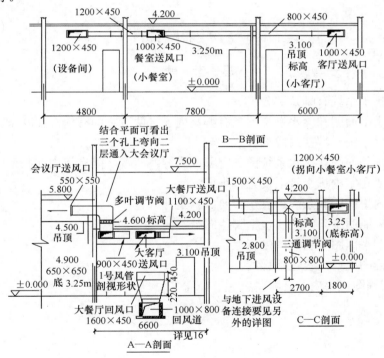

图 4-26　通风管道详图

通过平面图和剖面图结合看，就可以了解室内风管如何安装施工。在看图中还应根据施工规范了解到风管的吊挂应预埋在楼板下，同时看图时应考虑配合施工管理时的需要。

（3）识读通风施工的详图

　　详图主要用为制作风管等用，现介绍几个弯管、法兰的详图，作为对详图的了解。如图 4-27 所示法兰接口构造图。

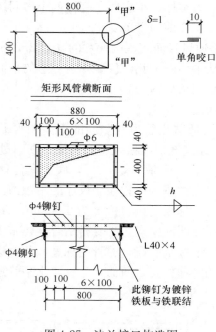

图 4-27　法兰接口构造图

思　考　题

1. 室内给排水系统有哪几部分组成？
2. 室内给水平面图和给水系统图各有哪些内容？两者之间有何内在联系？
3. 室内排水系统有哪些组成部分？
4. 室内排水平面图和排水系统图各有哪些内容？两者之间有何内在联系？
5. 为什么要在室内排水管上设置存水弯？
6. 煤气室内平面图和系统图表达主要内容是什么？
7. 室内电气照明施工图主要包括哪些图纸？
8. 电气照明平面图反映哪些内容？
9. 暖气工程图主要内容包括哪些？
10. 通风工程图主要内容有哪些？

第五章 识读市政工程图

内 容 提 要

市政工程包括的范围很广，路、桥、涵、隧道等均属于市政建筑。道路是一种供车辆行驶和行人步行的带状结构物，其基本组成包括路基、路面、防护工程和排水设施等。桥梁是跨越障碍（如河流、沟谷、其他道路、铁路等）的结构物，是交通路线上的重要组成部分，由上部结构、下部结构、附属结构组成。本章主要介绍市政工程图的基本知识及如何识读公路路线工程图、城市道路路线工程图、预应力钢筋混凝土桥梁的施工图等。

第一节 市政工程图概述

一、市政工程的分类和作用

市政工程根据修建的工程对象不同，市政工程可分为道路工程、桥梁工程、城市排水工程、城市防洪工程、城市给水、燃气和热力管网工程等。修建一项市政工程，无论是桥梁闸坝，还是道路排水工程，都需要一套完整的、符合施工要求和规范、能被工程人员看懂的工程图样。工程图样是市政工程界的技术语言，是工程技术人员表达设计意图、交流技术思想、指导生产施工的重要工具。

二、市政工程图的基本知识

一般的市政工程图是按照正投影的基本原理绘制的三面投影图。透视图常用于表现设计效果。在市政工程中，常用的两种图是基本图和工程详图。其图样表达一般采用平面图、立面图、剖面图和断面图等主要图示方法。

（一）基本图

基本图是用来表明某项工程外部形状、内部构造以及相联系的情况整体内容。如图5-1～图5-3所示的路线平面图、道路横断面图和路线纵断面图，就是道路工程的基本图。

在施工过程中，基本图主要用作整体放样、定位放线等的依据。

（二）工程详图

基本图一般选用的比例尺较小，往往不能把工程构筑物的某些局部形状（较复杂部位的细节）和内部详细构造显示清楚，因此需要用较大的比例，比较详细地表达某一部位结构或某一构件的详细尺寸和材料做法等，这种图样称为详图。例如图5-4所示人行道及侧石构造详图。

JD	a		R	T	L	E	ZY	YZ
---	左	右	---	---	---	---	---	---
255	38°39′		45	15.78	30.36	2.09	K53+346.88	K53+377.24
256		38°42′	90	31.61	60.79	5.39	+340.83	+401.62
257		51°10′	90	43.09	80.37	9.78	+583.45	+663.82
258	62°18′		30	18.13	32.62	5.05	+748.93	+781.60
259	25°45′		60	13.71	20.97	1.55	+815.01	+835.98
260	15°02′		150	20.24	40.23	1.36	+875.72	+915.05
261A		28°58′	51.90	13.41	26.24	1.70	+903.43	+989.27
261B		33°35′	51.90	15.66	30.42	2.31	+989.27	K54+019.69

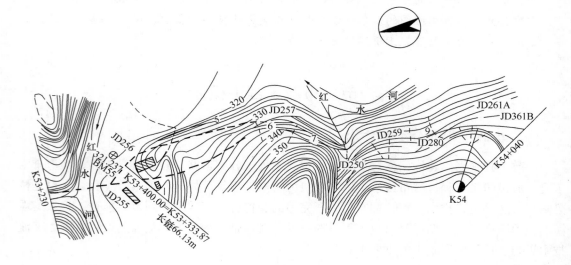

图 5-1　路线平面图

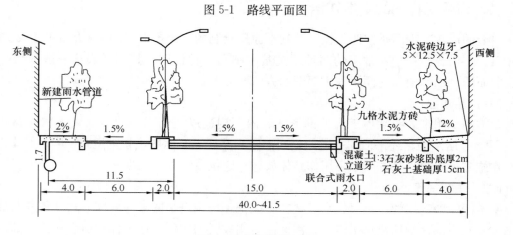

图 5-2　道路横断面图

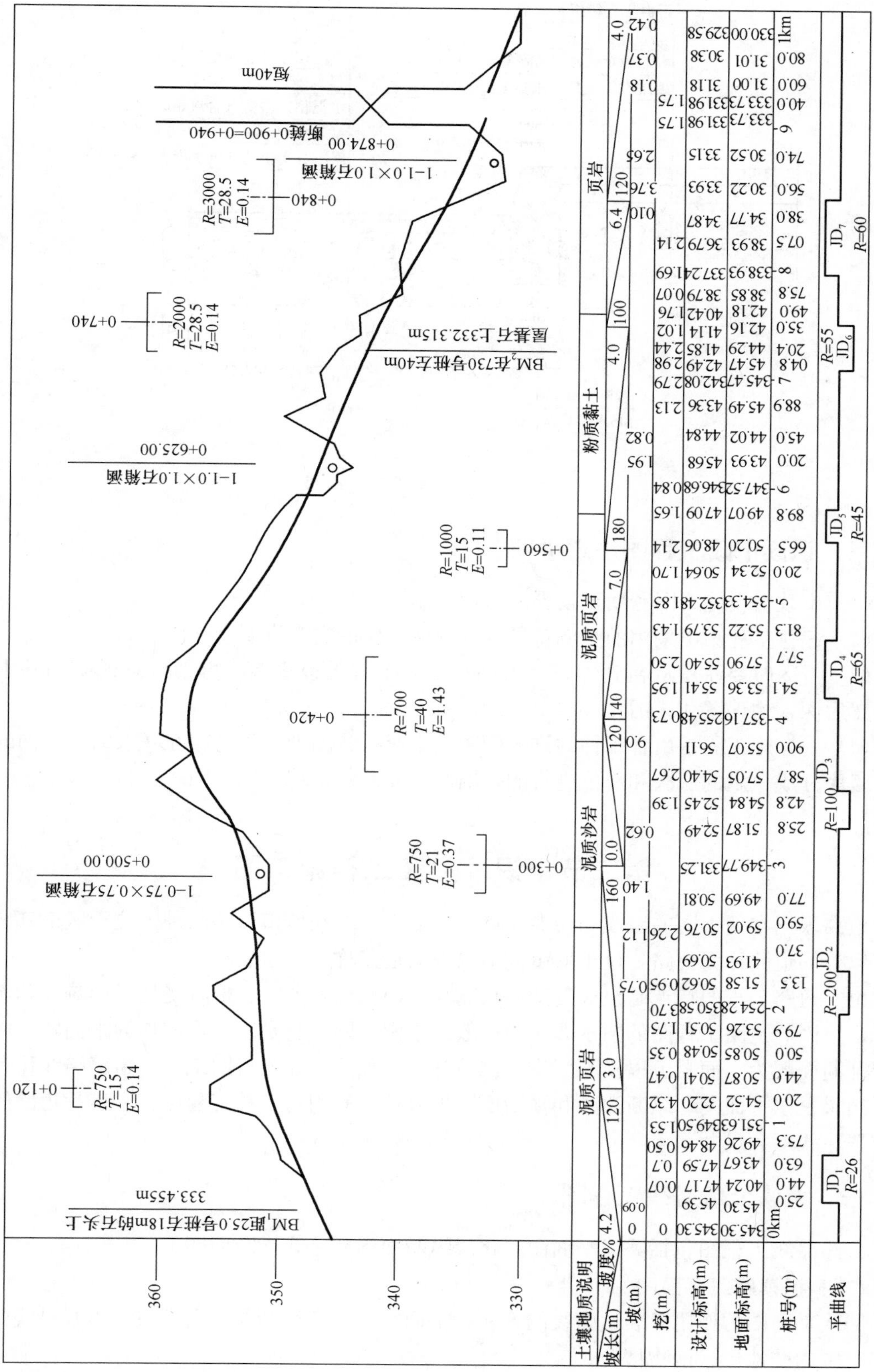
BM₁距25.0号桩右18m的石头上
333.455m
1-0.75×0.75石箱涵
0+500.00
1-1.0×1.0石箱涵
0+625.00
BM₂在730号桩左40m
屋基石上332.315m
1-1.0×1.0石箱涵
0+874.00
断链0+900=0+940
短40m
R=750
T=15
E=0.14
0+120
R=750
T=21
E=0.37
0+300
R=700
T=40
E=1.43
0+420
R=1000
T=15
E=0.11
0+560
R=2000
T=28.5
E=0.14
0+740
R=3000
T=28.5
E=0.14
0+840
360
350
340
330
土壤地质说明
泥质页岩
泥质沙岩
泥质页岩
粉质黏土
页岩
坡长(m)
坡度%
填(m)
挖(m)
设计标高(m)
地面标高(m)
桩号(m)
平曲线
JD₁
R=26
JD₂
R=200
R=100
JD₃
JD₄
R=65
JD₅
R=45
R=55
JD₆
JD₇
R=60
0km
1km

图 5-3　路线纵断面图

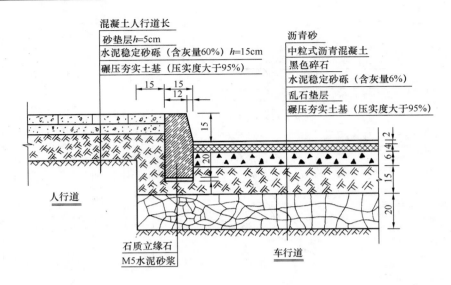

图 5-4 人行道及侧石构造详图

三、识读市政工程图注意事项

（1）市政工程施工图利用正投影的原理绘制。

（2）记住工程图中采用的图例符号以及理解其中的文字说明意义。

（3）看图时要注意从粗到细，从大到小；先了解工程概貌，再细看总说明和基本图纸，然后深入构件图和详图。

（4）一套施工图是由各工种的许多张图纸组成，各图纸之间是相互联系的。不同的工种、工序分成一定的层次和部位进行的，因此要联系起来综合地看图。

第二节 识读道路工程施工图

道路根据它们不同的组成和功能特点，可分为公路和城市道路两种。位于城市郊区和城市以外的道路称为公路，位于城市范围以内的道路称为城市道路。

由于道路工程的特点是组成复杂、长宽高三向尺寸相差大、形状受地形影响大和涉及学科广，因此道路工程图的图示方法与一般工程图不同，它是以地形图作为平面图、以纵向展开断面图为立面图、以横断面作为侧面图，单独绘制在各自图纸上。道路路线设计的最后结果是以平面图、纵断面图和横断面图来表达，利用这三种工程图，来表达道路的空间位置、线形和尺寸。

一、识读公路路线工程图

公路路线工程图包括路线平面图、路线纵断面图和路线横断面图。

（一）识读路线平面图

路线平面图的作用是表达路线的方向、平面线形（直线和左、右弯道）以及沿线两侧一定范围内的地形、地物情况。

1. 图示方法

路线平面图是从上向下投影所得到的水平投影图，也就是用标高投影法所绘制的道路沿线周围区域的地形图。

2. 图示内容

路线平面图的主要内容包括地形和路线两部分。如图5-5所示为某公路从K3+300至K5+200段的路线平面图。

（1）地形部分

①比例。道路路线平面图所用比例一般较小，通常在城镇区为1：500或1：1000，山岭区为1：2000，丘陵区和平原区为1：5000或1：10000。

②方位。在路线平面图上应用指北针或测量坐标网来指明道路在该地区的方位与走向。本图采用指北针的箭头所指为正北方向。方位的坐标网X轴向为南北方向（上为北），Y轴向为东西方向。

③地形。平面图中地形起伏情况主要是用等高线表示，本图中相邻等高线之间的高差为2m。根据图中等高线的疏密可以看出，该地区西南和西北地势较高，东北方有一山峰，高约45m，沿河流两侧地势低洼且平坦。

④地貌地物。在平面图中地形图上的地貌地物如河流、房屋、道路、桥梁、电力线、植被等，都是按规定图例绘制的。常见的地形图图例见表5-1。对照图例可知，该地区中部有一条白沙河自北向南流过，河岸两边是水稻田，山坡为旱地，并栽有果树。河西中部有一居民点，名为竹坪村。原有的乡间路和电力线沿河西岸平行，并通过该村。

⑤水准点。沿路线附近每隔一段距离，就在图中标有水准点的位置，用于路线的高程测量。如$\otimes\dfrac{BM8}{7.563}$，表示路线的第8个水准点，该点高程为7.563m。

道路工程和地物图例　　　　　　　　　　　表 5-1

名　称	图　例	名　称	图　例
机场		果园	
学校		港口	
土堤	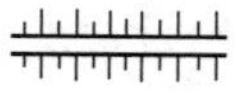	交电室	
河流		水渠	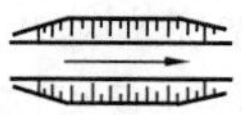
铁路		冲沟	
小路		公路	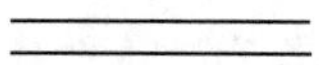

名　称	图　例	名　称	图　例
低压电力线 高压电力线	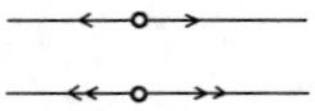	林地	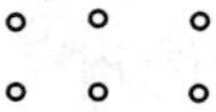
旱地	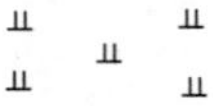	导线点	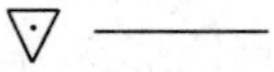
井		水准点	
房屋	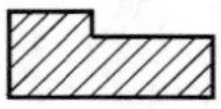	水田	
烟囱		三角点	
人工开挖		切线交点	
大车道		菜地	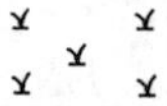
电讯线		图根点	
草地	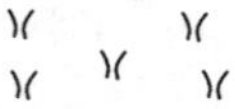	指北针	

（2）识读路线部分

①设计路线。用加粗实线表示路线，由于道路的宽度相对于长度来说尺寸小得多，公路的宽度只有在较大比例的平面图中才能画清楚，因此通常是沿道路中心线画出一条加粗的实线来表示新设计的路线。

②里程桩。道路路线的总长度和各段之间的长度用里程桩号表示。里程桩号应从路线的起点至终点依次顺序编号，在平面图中路线的前进方向总是从左向右的。里程桩分公里桩和百米桩两种，公里桩宜注在路线前进方向的左侧。用符号"$\bigoplus$"表示桩位，公里数注写在符号的上方，如"K6"表示离起点 6km。百米桩宜标注在路线前进方向的右侧，用垂直于路线的细短线表示桩位，用字头朝向前进方向的阿拉伯数字表示百米数，注写在短线的端部，例如：桩号为 K6＋400，说明该点距离路线起点为 6400m。

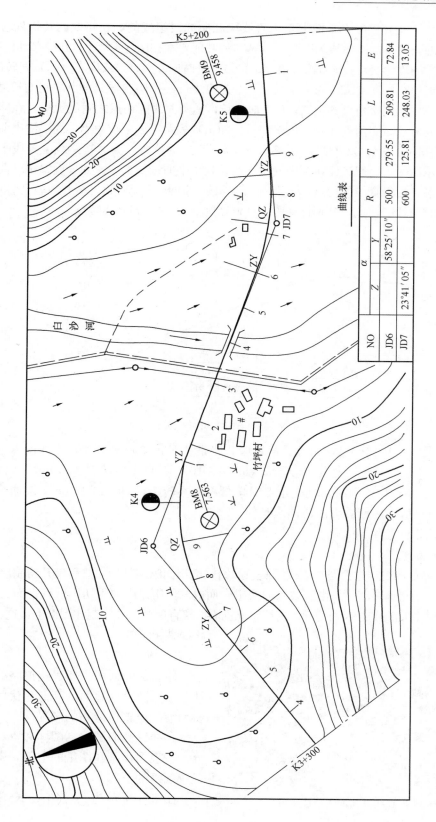

曲线表

NO		α		R	T	L	E
	Z	Y					
JD6		58°25′10″		500	279.55	509.81	72.84
JD7	23°41′05″			600	125.81	248.03	13.05

图 5-5　路线平面图

145

　　③平曲线。道路路线在平面上是由直线段和曲线段组成的，在路线的转折处应设平曲线。最常见的较简单的平曲线为圆弧，其基本的几何要素如图 5-6 所示。JD 为交角点，是路线的两直线段的理论交点；α 为转折角，是路线前进时向左（αz）或向右（αy）偏转的角度；R 为圆曲线半径，是连接圆弧的半径长度；T 为切线长，是切点与交角点之间的长度；E 为外距，是曲线中点到交角点的距离；L 为曲线长，是圆曲线两切点之间的弧长。在路线平面图中，转折处应注写交角点代号并依次编号，如 JD6 表示第 6 个交角点。还要注出曲线段的起点 ZY（直圆）、中点 QZ（曲中）、终点 YZ（圆直）的位置。为了将路线上各段平曲线的几何要素表示清楚，一般还应在图中的适当位置列出平曲线要素表。如果设置缓和曲线则将缓和曲线与前、后段直线的切点，分别标记为 ZH（直缓点）和 HZ（缓直点）；将圆曲线与前、后段缓和曲线的切点，分别标记为：HY（缓圆点）和 YH（圆缓点）。

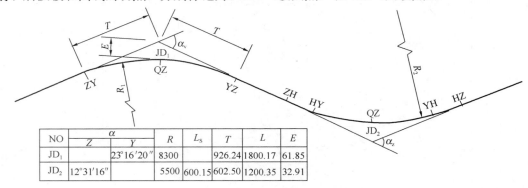

NO	α		R	L_s	T	L	E
	Z	Y					
JD$_1$		23°16′20″	8300		926.24	1800.17	61.85
JD$_2$	12°31′16″		5500	600.15	602.50	1200.35	32.91

图 5-6　平面线几何要素

　　通过读图 5-5 可以知道，新设计的这段公路是从 K3+300 处开始，由西南方地势较低处引来，在交角点 JD6 处向右转折，$\alpha_y=58°025′10″$，圆曲线半径 $R=500m$，从竹坪村北面经过，然后通过白沙河桥，到交角点 JD7 处再向左转折，$\alpha_y=23°41′05″$，圆曲线半径 $R=600m$，公路从山的南坡沿山脚向东延伸。

（二）识读路线纵断面图

1. 图示方法

　　路线纵断面图是通过公路中心线用假想的铅垂剖切面纵向剖切，然后展开绘制后获得的。如图 5-7 所示由于道路路线是由直线和曲线组合而成的，所以纵向剖切面既有平面又有曲面，为了清楚地表达路线的纵断面情况，需要将此纵断面拉直展开，并绘制在图纸上，这就形成了路线纵断面图。

2. 图示内容

　　路线纵断面图主要表达道路的纵向设计线形以及沿线地面的高低起伏状况、地质和沿线设置构造物的概况。

　　路线纵断面图包括图样和资料表两部分，一般图样画在图纸的上部，资料表布置在图纸的下部。

　　图 5-8 所示为某公路从 K6+000 至

图 5-7　路线纵断面图形成示意图

比例　垂直1:200　水平1:2000

终点 91.10　K7+300

R=3000　T=50　E=0.42　76.70　K6+980

1-20m石拱桥　K6+900

R=2000　T=40　E=0.40　80.50　K6+600

BM1563.14
在右侧6m的路肩石上　K6+220

1-100圆管涵　K6+080

地质概况	坡度(%)	距离(m)	填高	挖深	设计高程	地面高程	里程桩号	平曲线
普通粘土	3.0	600	1.30		62.50	61.20	6+000.00	
				6.25	64.90	58.65	6+080.00	JD9 α=40°15′ R=300
				5.40	65.50	60.10	6+100.00	
				1.48	68.50	67.02	6+200.00	
				1.50	69.10	67.60	6+220.00	
				1.40	70.14	68.74	6+234.73	
				1.65	73.15	71.50	6+300.00	
			6.56		73.00	79.56	6+350.10	
			12.30		74.50	86.80	6+400.00	
			12.10		76.16	88.26	6+455.47	
坚　石			9.41		77.50	86.91	6+500.00	
			7.50		79.30	86.80	6+560.00	
			5.20		80.10	85.30	6+600.00	JD10 α=3°27′
			3.06		80.10	83.16	6+640.00	
普通粘土		380		1.80	79.50	77.70	6+700.00	
				3.50	79.10	75.60	6+740.00	
	1.0			6.81	78.50	71.69	6+800.00	
				8.84	77.50	68.66	6+900.00	
				7.80	77.20	69.40	6+930.00	
				7.02	77.12	70.10	6+980.00	
				7.10	77.75	70.65	7+000.00	
				4.26	78.95	74.69	7+030.00	
	4.5	320		1.35	82.10	80.75	7+100.00	JD11 α=19°42′ R=500
				1.24	83.98	82.73	7+114.04	
			4.90		86.60	91.50	7+200.00	
			3.18		90.47	93.65	7+285.96	
			2.58		91.10	93.68	7+300.00	
坚　石	3.5		1.34		93.26	94.60	7+400.00	
				0.23	96.35	96.12	7+450.00	JD12 α=4°10′
		300		3.24	101.34	98.10	7+500.00	
			1.65		103.25	101.60	7+600.00	

图5-8　路线纵断面图

147

K7＋600 段的纵断面图。

（1）图样部分

①比例。纵断面图的水平方向表示路线的长度（前进方向），竖直方向表示设计线和地面的高程。由于路线的高差比路线的长度尺寸小得多，如果竖向高度与水平长度用同一种比例绘制，是很难把高差明显地表示出来，所以绘制时一般竖向比例要比水平比例放大10 倍，例如本图的水平比例为 1∶2000，而竖向比例为 1∶200，这样画出的路线坡度就比实际大，看上去也较为明显。为了便于画图和读图，一般还应在纵断面图的左侧按竖向比例画出高程标尺。

②设计线和地面线。在纵断面图中，道路的设计线用粗实线表示，原地面线用细实线表示，设计线是根据地形起伏和公路等级，按相应的工程技术标准而确定的，设计线上各点的标高通常是指路基边缘的设计高程。地面线是根据原地面上沿线各点的实测中心桩高程而绘制的。比较设计线与地面线的相对位置，可决定填挖高度。

③竖曲线。设计线是由直线和竖曲线组成的，在设计线的纵向坡度变更处（变坡点），为了便于车辆行驶，按技术标准的规定应设置圆弧竖曲线。竖曲线分为凸形和凹形两种，在图中分别用"⊓"和"⊔"的符号表示。符号中部的竖线应对准变坡点，竖线左侧标注变坡点的里程桩号，竖线右侧标注竖曲线中点的高程。符号的水平线两端应对准竖曲线的始点和终点，竖曲线要素（半径 R、切线长 T、外距 E）的数值标注在水平线上方。在本图中的变坡点处桩号为 K6＋600，竖曲线中点的高程为 80.50m，设有凸形竖曲线（$R=$ 2000m，$T=40$m，$E=0.42$m），在变坡点 K6＋980 处设有凹形竖曲线（$R=3000$m，$T=$ 50m，$E=0.42$m），在变坡点 K7＋300 处由于坡度变化较小，可注明不设竖曲线。

④工程构筑物。道路沿线的工程构筑物如桥梁、涵洞等，应在设计线的上方或下方用竖直引出线标注，竖直引出线应对准构筑物的中心位置，并注出构筑物的名称、规格和里程桩号。

例如图中在涵洞中心位置用"○"表示，并进行标注，表示在里程桩 K6＋080 处设有一座直径为 100cm 的单孔圆管涵洞。

例：$\dfrac{4-20\ 预应力混凝土连续\ T\ 梁}{K128+600}$ 表示在里程桩 K128＋600 处设有一座桥，该桥为预应力混凝土 T 型连续梁桥，共四跨，每跨 20m。

⑤水准点。沿线设置的测量水准点也应标注，竖直引出线对准水准点，左侧注写里程桩号，右侧写明其位置，水平线上方注出其编号和高程。如水准点 BM15 设置在里程 K6＋240 处的右侧距离为 6m 的岩石上，高程为 63.14m。

（2）资料表部分

路线纵断面图的测设数据表与图样上下对齐布置，以便阅读。这种表示方法，较好地反映出纵向设计在各桩号处的高程、填挖方量、地质条件和坡度以及平曲线与竖曲线的配合关系。

资料表主要包括以下项目和内容：

①地质概况。根据实测资料，在图中注出沿线各段的地质情况。

②坡度与坡长。标注设计线各段的纵向坡度和水平长度距离。表格中的对角线表示坡度方向，左下至右上表示上坡，左上至右下表示下坡，坡度和距离分注在对角线的上下两

侧。如图中第一格的标注"3.0/600"，表示此段路线是上坡，坡度为 3.0%，路线长度为 600m。

③标高。表中有设计标高和地面标高两栏，它们应和图样互相对应，分别表示设计线和地面线上各点（桩号）的高程。

④填挖高度。设计线在地面线下方时需要挖土，设计线在地面线上方时需要填土，挖或填的高度值应是各点（桩号）对应的设计标高与地面标高之差的绝对值。

⑤里程桩号。沿线各点的桩号是按测量的里程数值填入的，单位为 m，桩号从左向右排列。在平曲线的起点、中点、终点和桥涵中心点等处可设置加桩。

⑥平曲线。为了表示该路段的平面线型，通常在表中画出平曲线的示意图。直线段用水平线表示，道路左转弯用凹折线表示，右转弯用凸折线表示，有时还需注出平曲线各要素的值。

⑦超高。为了减小汽车在弯道上行驶时的横向作用力，道路在平曲线处需设计成外侧高内侧低的形式，道路边缘与设计线的高程差称为超高。如图 5-9 所示。

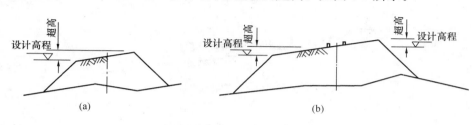

图 5-9 道路超高
（a）一般道路；（b）高速路

（三）路线横断面图

1. 图示方法

路线横断面是用假想的剖切平面，垂直于路中心线剖切而得到的图形。

2. 路基横断面图

为了路基施工放样和计算土石方量的需要，在路线的每一中心桩处，应根据实测资料和设计要求，画出一系列的路基横断面图，主要是表达路基横断面的形状和地面高低起伏状况。路基横断面图一般不画出路面层和路拱，以路基边缘的标高作为路中心的设计标高。

路基横断面图的基本形式有三种：

（1）路堤：即填方路基如图 5-10（a）所示。在图下注有该断面的里程桩号、中心线处的填方高度以及该断面的填方面积。

图中边坡 1∶m 可根据岩石、土壤的性质而定。1∶m 表示边坡的倾斜程度，m 值越大，边坡越缓；m 值越小边坡越陡，路堤边坡坡度对一般土壤可采用 1∶1.5。

（2）路堑：即挖方路基如图 5-10（b）所示。在图下注有该断面的里程桩号、中心线处的挖方高度以及该断面的挖方面积。

路堑边坡一般土壤为 1.0∶0.5～1.0∶1.5。一般岩石为 1.0∶0.1～1.0∶0.5。

（3）半填半挖路基：是前两种路基的综合，如图 5-10（c）所示。图下仍注有该断面的里程桩号、中心线处的填（挖）方高度以及该断面的填（挖）方面积。

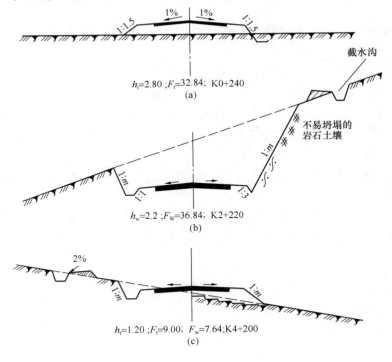

图 5-10 公路路基横断面图

h_t：填方高度；h_w：挖方高度；F_t：填高面积；F_w：挖方面积

二、识读城市道路路线工程图

城市道路一般由车行道、人行道、绿化带、分隔带、交叉口和交通广场以及高架桥高速路、地下道路等各种设施组成。典型的城市道路横断面布置形式通常称为"三块板形式"，中央较宽为双向行驶的机动车道，两侧是单向行驶的非机动车道，它们之间有绿化带隔开，最外边是人行道。

城市道路的线型设计结果也是通过平面图、纵断面图和横断面图表达的。它们的图示方法与公路路线工程图完全相同。由于城市道路所处的地形一般都比较平坦，并且城市道路的设计是在城市规划与交通规划的基础上实施的，交通性质和组成部分比公路复杂得多，因此体现在横断面图上，城市道路比公路复杂得多。

（一）识读横断面图

城市道路横断面图是道路中心线法线方向的断面图。城市道路横断面图由车行道、人行道、绿带和分离带等部分组成。在城市里，沿街两侧建筑红线之间的空间范围为城市道路用地。

1. 城市道路横断面图布置的基本形式

根据机动车道和非机动车道不同的布置形式，道路横断面的布置有以下四种基本形式：

（1）"一块板"断面把所有车辆都组织在同一车行道上行驶，但规定机动车在中间，非机动车在两侧，如图 5-11 （a）所示。

（2）"两块板"断面用一条分隔带或分隔墩从道路中央分开，使往返交通分离，但同向交通仍在一起混合行驶，如图 5-11 （b）所示。

（3）"三块板"断面用两条分隔带或分隔墩把机动车和非机动车交通分离，把车行道分隔为三块：中间为双向行驶的机动车道，两侧为方向彼此相反的单向行驶非机动车车道，如图 5-11 （c）所示。

（4）"四块板"断面在"三块板"断面的基础上增设一条中央分离带，使机动车分向行驶，如图 5-11 （d）所示。

2. 横断面图的内容

横断面设计的最后成果用标准横断面设计图表示。图中要表示出横断面各组成部分及其相互关系。如图 5-12 所示为某路近期设计横断面图。为了清晰地表示高差变化情况，高度方向（纵向）采用了 1：50，水平方向（横向）采用 1：200 的绘图比例。

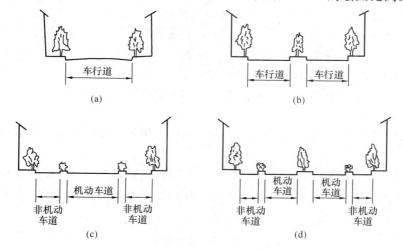

图 5-11　城市道路横断面布置的基本形式

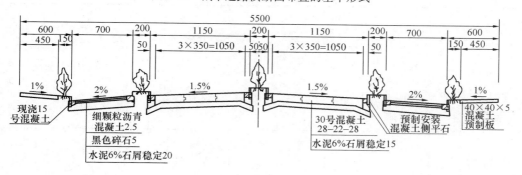

图 5-12　标准横断面设计图

图 5-12 表示了该路段采用了"四块板"断面型式，使机动车与非机动车分道单向行驶。两侧为人行道，中间有隔离带。图中还表示了各组成部分的宽度以及结构设计要求。

除了需绘制近期设计横断面图之外，对分期修建的道路还要画出远期规划设计横断面图。为了设计土石方工程量和施工放样，与公路横断面图相同，需绘出各个中线桩的现状横断面，并加绘设计横断面图，标出中线桩的里程和设计标高，称为施工横断面图。

（二）识读平面图

城市道路平面图与公路路线平面图相似，它是用来表示城市道路的方向、平面线型和车行道布置以及沿路两侧一定范围内的地形和地物情况。

图 5-13 为一段城市道路南平路的平面图。它主要表示了环形交叉口和市区道路的平面设计情况。城市道路平面图的内容可分为道路和地形、地物两部分。

1. 道路情况

（1）为了表示道路的长度，在道路中心线上标有里程。如图 5-13 所示的平面图表示从 K6＋250～K6＋730 一段道路的平面图。

（2）道路的走向，用坐标图来确定（或画出指北针）。JD5 的坐标 $x＝2892\,727.505$，$y＝431963.005$，JD6 的坐标 $x＝2892903.000$，$y＝431223.000$，读图时可见张图拼接起来阅读。从指北针方向可知，道路的走向为北偏东方向。

（3）城市道路平面图所采用的绘图比例较公路路线平面图大，因此车、人行道的分布和宽度可按比例画出。从图可看出：两侧机动车道宽度为 8.25m，非机动车道宽度为 5m，人行道为 4.75m，中间分隔带宽度为 6m。机动车道与非机动车道之间的分隔带宽度为 0.5m，所以该路段为"四块板"断面布置型式。

（4）图中与南平路平面交叉的东山路，约为西偏南走向。

2. 地形和地物情况

（1）城市道路所在的地势一般比较平坦。地形除用等高线表示外，还用大量的地形点表示高程。

（2）本段道路是郊区扩建的城市道路，原有道路为宽约 5m 的水泥路。新建道路因此占用了沿路两侧一些工厂、民房、学校用地。该地区的地物和地貌情况可在表 5-2 和表 5-3 平面图图例中查知。

道路工程常用结构物图例（一） 表 5-2

名　称	符　号	名　称	符　号
只有屋盖的简易房		非明确路边线	――― ―――
砖石或混凝土结构房屋	B	贮水池	水
砖瓦房	C	下水道检查井	◎
石棉瓦	D	通信杆	⌀
围　墙			

152

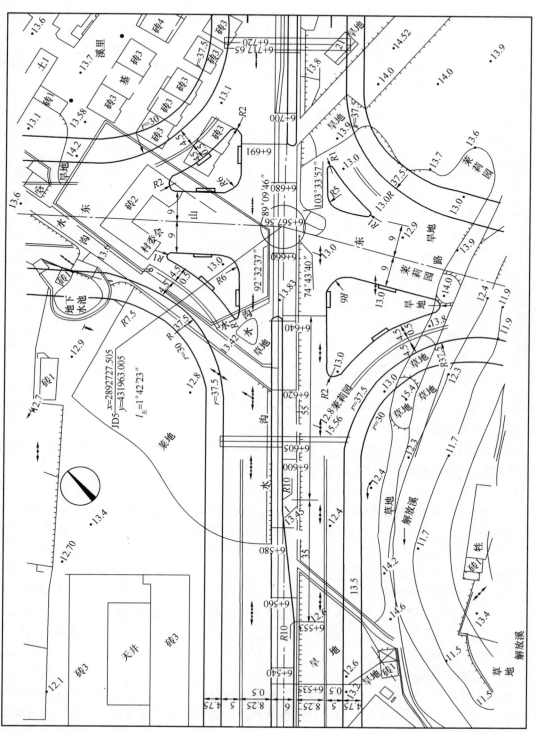

图 5-13 南平路平面图

道路工程常用结构物图例（二）　　　　　　　　表 5-3

序号	名　称	图　例	序号	名　称	图　例
1	涵洞	 >–––<	6	通道	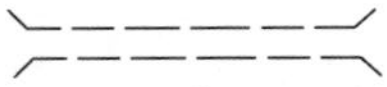
2	桥梁（大、中桥按实际长度绘制）	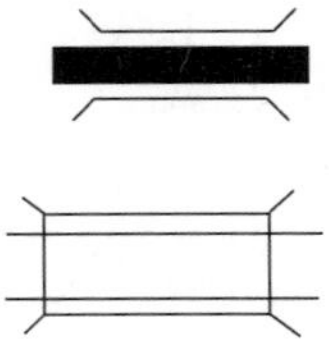	7	分离式立交 (a) 主线上跨 (b) 主线下穿	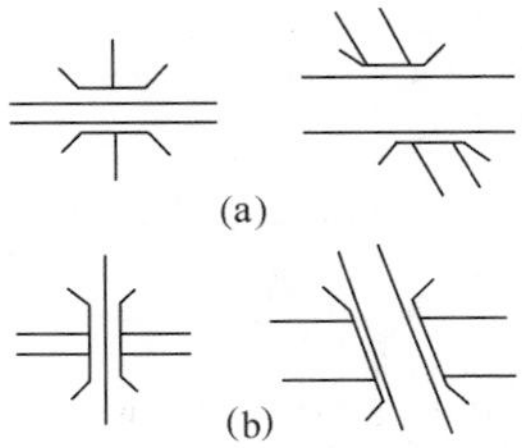 (a) (b)
3	隧道	 –]–––[–	8	互通式立交（采用形式绘）	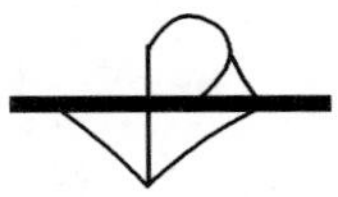
4	养护机构		9	管理机构	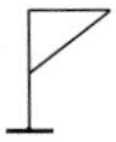
5	隔离墩		10	防护栏	

（三）识读纵断面图

城市道路纵断面图也是沿道路中心线的展开断面图。其作用与公路路线纵断面图相同，其内容也是由图样和资料表两部分组成，如图 5-14 所示。

1. 图样部分

城市道路纵断面图的图样部分完全与公路路线纵断面图的图示方法相同。如绘图比例竖直方向较水平方向放大十倍表示（本图水平方向采用 1：500，则竖直方向采用 1：50）等。

2. 资料部分

城市道路纵断面图的资料部分基本上与公路路线纵断面图相同，不仅与图样部分上下对应，而且还标注有关的设计内容。城市道路除作出道路中心线的纵断面图之外，当纵向排水有困难时，还需作出锯齿形街沟纵断面图。对于排水系统的设计，可在纵断面图中表示，也可单独设计绘图。

（四）公路路面结构图

路面是用硬质材料铺筑在路基顶面的层状结构。路基是按照路线位置和一定技术要求修筑的作为路面基础的带状构造物。路面根据其使用的材料和性能不同，可分为柔性路面和刚性路面两类。柔性路面如沥青混凝土路面、沥青碎石路面、沥青表面处治路面等，刚性路面如水泥混凝土路面。

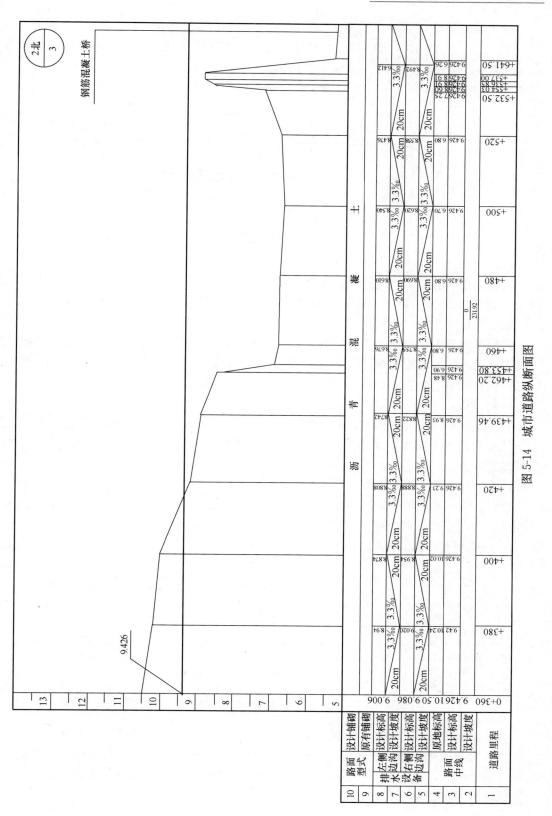

图 5-14　城市道路纵断面图

1. 公路路面结构图

路面横向主要由中央分隔带、行车道、路肩、路拱等组成，路面纵向结构层由面层、基层、垫层、联结层等组成。如图 5-15 所示。

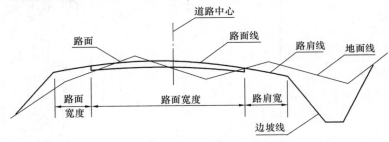

图 5-15　路面横向组成

（1）面层

直接承受车轮荷载反复作用和自然因素影响的结构层称为面层，可由一至三层组成。因此，面层应具备较高的力学强度和稳定性，同时还应具备耐磨性和不透水性。

（2）基层

基层是设置在面层之下，并与面层一起将车轮荷载的反复作用传递到底基层、垫层和土基中。因此，对基层材料的要求是应具有足够的抗压强度、密度、耐久性和扩散应力（即应有较好的板体性）。

（3）垫层

它是底基层和土基之间的层次，它的主要作用是加强土基、改善基层的工作条件。垫层往往是为蓄水、排水、隔热、防冻等目的而设置的，所以通常设在路基潮湿以及有冰冻翻浆现象的路段。

（4）联结层

联结层是在面层和基层之间设置的一个层次。它的主要作用是加强面层与基层的共同作用或减少基层的反射裂缝。

2. 沥青混凝土路面结构图（图 5-16）

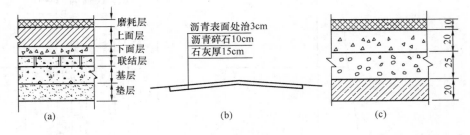

图 5-16　路面结构示意图

（1）路面横断面图表示行车道、路肩、中央分隔带的尺寸，路拱的坡度等。

（2）路面结构图用示意图的方式画出并附图例表示路面结构中的各种材料，各层厚度用尺寸数字表示，如图 5-17 所示中沥青混凝土的厚度为 5cm，沥青碎石的厚度为 7cm，石灰稳定碎石土的厚度为 20cm。

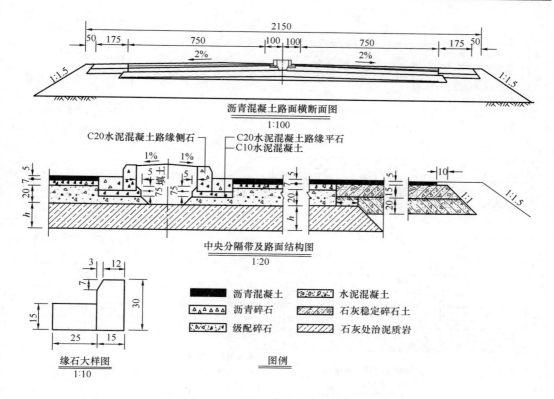

图 5-17 沥青混凝土路面结构图

　　行车道路面底基层与路肩的分界处，其宽度超出基层 25cm 之后以 1：1 的坡度向下延伸。硬路肩的面层、基层和底基层的厚度分别为 5cm、15cm、20cm，硬路肩与土路肩的分界处，基层的宽度超出面层 10cm 之后以 1：1 的坡度延伸至底基层的底部。

　　（3）中央分隔带和缘石大样图

　　中央分隔带处的尺寸标注及图示，说明两缘石中间需要填土，填上顶部从路基中线向两线石倾斜，其坡度为 1%。路缘石和底座的混凝土标号、缘石的各部尺寸标出，以便按图施工。

　　（4）路拱大样图

　　如图 5-18 所示，路拱的形式有抛物线、双曲线和双曲线中插入圆曲线等类型，以满足路两横向排水的要求。路拱大

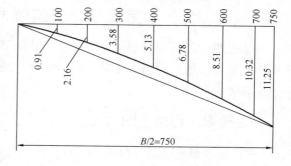

图 5-18 路拱大样图

样图的任务就是清楚表达路面横向的形状，一般垂直向比例大于水平向比例。

　　3. 水泥混凝土路面结构图

　　如图 5-19 所示，当采用路面结构 A 图时，图中标注尺寸为 30cm，则表示路面基层的顶面靠近硬路处出路面宽出 30cm，并以 1：1 的坡度向下分布。标注尺寸为 10cm，则表示硬路肩面层下的基层比顶面面层宽出 10cm。中央分隔带和路缘石的尺寸、构件位置、材料等用图示表示出来，以便按图施工。

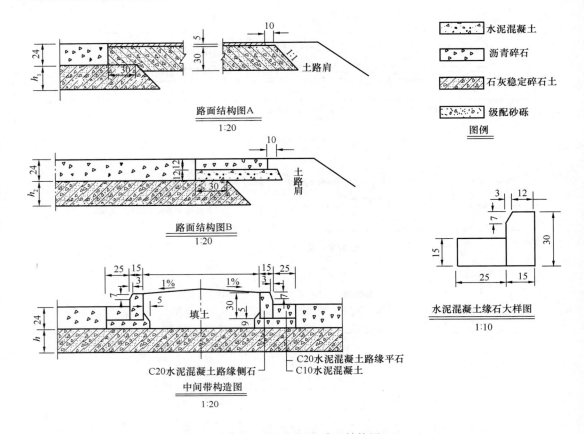

图例：
水泥混凝土
沥青碎石
石灰稳定碎石土
级配砂砾
图例

图 5-19 水泥混凝土路面结构图

第三节 识读桥梁工程施工图

桥梁是跨越障碍物（如河流、沟谷、其他道路、铁路等）的结构物，是交通路线上的重要组成部分。桥梁的组成复杂、桥型多样，结构体系、施工方法各异，各种桥型间的构造差别较大。

一、桥梁工程施工图概述

（一）基本组成及尺寸参数

桥梁由上部桥跨结构（主梁或主拱圈和桥面系）、下部结构（桥台、桥墩和基础）及附属结构（栏杆、灯柱、护岸、排水设施）三部分组成。如图 5-20 所示。

桥跨结构是在路线中断时，跨越障碍的主要承载结构，称之为上部结构。桥墩和桥台是支承桥跨结构并将恒载和车辆等活载传至地基的建筑物，又称之为下部结构。支座是桥跨结构与桥墩和桥台的支承处所设置的传力装置。在路堤与桥台衔接处，一般还在桥台两侧设置石砌的锥形护坡，以保证迎水部分路堤边坡的稳定。

桥梁的常用尺寸参数包括：

（1）计算跨径（L）：梁桥为桥跨结构两支承点（支座）之间的距离；拱桥为相邻两

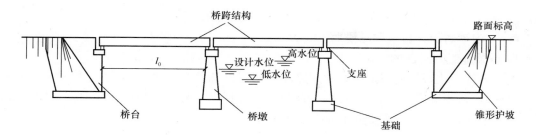

图 5-20 桥梁的组成示意图

拱脚截面形心间的水平距离。计算跨径主要用于桥梁结构计算。

（2）净跨径（L_0）：设计洪水位上相邻两个桥墩（或桥台）之间的净距；拱桥为相邻拱脚截面最低点之间的水平距离。净跨径反映桥梁宣泄洪水的能力。

（3）标准跨径（L_b）：梁桥为相邻桥墩中线之间的距离，或桥墩中线至桥台台背前缘之间的距离；拱桥是指净跨径。标准跨径是表征桥梁跨度的主要指标，一般单孔跨径即指标准跨径。《公路桥涵设计通用规范》JTG D60—2004 规定：当标准设计或新建桥涵的跨径在 50m 及以下时，宜采用标准化跨径，以便于预制、装配。桥涵标准化跨径规定为：0.75m、1.0m、1.25m、1.5m、2.0m、2.5m、3.0m、4.0m、5.0m、6.0m、8.0m、10m、13m、16m、20m、25m、30m、40m、45m、50m。

（4）桥梁全长（L_q）：桥梁两端桥台侧墙或八字墙尾端间的距离；对于无桥台的桥梁为桥面系长度。

（二）桥梁的分类

桥梁的分类方式很多，通常有：

（1）按结构形式分为梁桥、拱桥、刚架桥、桁架桥、悬索桥、斜拉桥等。

（2）按建筑材料分为钢桥、钢筋混凝土桥、石桥、木桥等。其中以钢筋混凝土梁桥应用最为广泛。

（3）按桥梁全长和跨径的不同分为：特大桥、大桥、中桥和小桥。

（4）按上部结构的行车位置分为：上承式桥、下承式桥和中承式桥。桥面布置在主要承重结构之上者称为上承式桥，布置在主要承重结构之下者称为下承式桥，布置在主要承重结构中间的称为中承式桥，如图 5-21 所示。

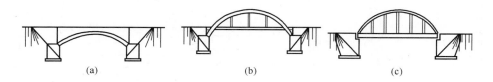

图 5-21 桥梁的分类

（a）上承式桥；（b）中承式桥；（c）下承式桥

二、识读桥梁工程施工图

虽然各种桥梁的结构形式和建筑材料有所不同，但图示方法和内容基本相同。一套桥梁工程施工图包括封面、目录和总说明，桥位平面图，桥位地质断面图，桥梁总体布置图，桥梁下部结构工程图，桥梁桥面系及附属结构工程图等。

（一）识读封面、目录和总说明

1. 桥梁施工图封面的内容

工程名称，该桥梁所属道路工程的路段区间、设计阶段（施工图）、工程编号（年份—项目序号）、图册号（只有一册时，省略）、设计证书编号、单位名称、时间。图 5-22、图 5-23（左半面）是××桥梁工程的封面和扉页。

××市铁路建设处
××路工程(城北干道-312国道)
××桥施工图

××市市政工程设计研究院
200×年01月

图 5-22　××桥梁工程的封面

××路工程(城北干道-312国道)

　　××桥施工图

　　工程编号:200×-082

院　　长:_____

总工程师:_____

分管副总:_____

项目负责人:_____

　××市市政工程设计研究院

　　证书编号:甲级×××-SJ

　　　200×.01

序 号	图 纸 名 称
	图 纸 目 录
1	桥位平面布置图
2	设计总说明
3	全桥主要工程材料数量汇总表
4	桥梁总体布置图
5	桥面特征点标高图、空心板放置图
6	L=16m预应力板梁构造图
7	L=16m预应力板梁钢筋图
8	L=16m预应力板梁钢筋大样图
9	防震锚栓与支座构造图
10	桥面铺装构造图
11	伸缩缝构造图
12	人行道、分隔带构造图
13	栏杆构造图
14	北桥台一般构造图
15	南桥台一般构造图
16	桥台立面、侧面图
17	桥台钢筋图

图 5-23　××桥梁工程的扉页和目录

在该工程施工图封面（图 5-22）中能获取以下信息：该工程的建设单位是"××市铁路建设处"；该桥梁所属道路工程的路段区间是"××路工程（城北干道-312 国道）"；工程名称是"××桥施工图"；设计单位是"××市市政设计研究院"。在该工程扉页（图 5-23）中除了以上信息还有：工程编号、设计院设计证书编号、设计完成时间、设计项目负责人等信息。

2. 目录

施工图的目录对于识读施工图很重要，是整套施工图的索引。有时从目录中还能了解桥梁的组成、规模、构造等内容。目录的编排基本遵循"从整体到局部，先上部后下部"的规律。图 5-23（右半面）是××桥梁工程的目录。目录中知道本套桥梁施工图一共有17 张图纸，文字描述了每张图纸的名称，同时了解到这座桥梁是标准跨径为 16m 的预应力简支板梁桥。

3. 设计总说明

桥梁施工图设计总说明的内容：设计依据，设计标准，工程概况，调查资料，设计技术指标和技术要点，施工注意事项，主要工程量统计等。

图 5-24 是××桥梁工程的施工图设计总说明。本设计总说明主要分为：工程概况，设计依据，基本资料，技术规范，地质概况，设计概况，主要材料，施工要点 8 个部分。

①工程概况：桥梁所在的路段、桩号、跨越的河流、桥梁的斜交角度等。

②设计依据：建设单位及设计委托书，设计单位的设计任务书，勘察单位的勘察报告等。

③基本资料：桥梁的设计荷载，桥梁横断面组成，桥梁的线形指标，桥梁的通航要求，桥梁的高程系统，桥梁的抗震标准等数据。

④技术规范：设计标准及规范。这部分要强调：施工人员必须严格按既定的规范、标准施工，否则很有可能在验收时达不到验收标准的要求，导致返工整改。

⑤地质概况：土层分布、土质描述、土的力学性能等信息，为桥梁基础施工提供依据。

⑥设计概况：桥梁上部结构类型、数据，桥面铺装结构，伸缩装置和支座类型等。

⑦主要材料：混凝土、预应力钢筋、普通钢筋、浆砌块石的种类、强度等级及相关数据。

⑧施工要点：是设计总说明中的重要部分，由于桥梁的施工方法很多，施工技术复杂，同一种桥型可以用不同方法进行施工。在本部分设计者会提供推荐施工方法和重要施工技术要点给施工人员进行参考。作为施工人员要仔细研读本部分内容，并做好与设计者的沟通、交流工作。

（二）识读桥位平面图

桥位平面图主要用于表示桥梁在所属道路中的位置，桥梁与河道的关系，工程周边环境条件，桥梁的跨越形式、跨径分布等情况。

1. 识读桥位平面图

图 5-25 是××桥梁桥位平面布置图。

图中比例尺（1：1000）、指北针、单位（m）、图纸索引（共 17 张图纸，这是第 1张）等。从桥位平面图可以看出：图中打阴影线的即为该桥梁。丁横河接近东西走向，道

一、工程概况

本桥位于常州市青洋路城北干道-312国道JK0+890.0m处，跨丁横河，道路中心线与桥梁中心线斜交69°，桥梁在道路平曲线范围内。

二、设计依据

1. 常州快速路建设处《青洋路城北干道-312国道工程设计任务书》。
2. 本院2003-082号设计委托书。
3. 常州市煤炭地质工程勘察院《青洋路工横河桥岩土工程勘察报告》(勘察编号：2003-10-05)。

三、基本资料

1. 设计荷载：城-A级汽车荷载，人群4.5kPa。
2. 桥断面：(0.5m人行栏杆)+2.5m(人行道)+4.5m (非机动车道)+2m(分隔带)+12m(机动车道)×2+8m (中央分隔带) =51m。
3. 竖曲线：$R=8000$　$T=31.578$　$E=0.062$　$i_凸=0.568\%$　$i_凹=0.421\%$。
4. 平曲线：桥位处于$R=1000$m平曲线上。
5. 纵坡：人行道横坡向2%，车行道横坡2%。
6. 通航要求：本河道无通航要求；按航线底标高3.90m考虑。
7. 高程系统：本设计采用青岛高程系统(2002年成果)。
8. 抗震标准：本设计抗震设防烈度为7度。

四、技术规范

1. 《城市桥梁设计准则》(CJJ 11-93)。
2. 《城市桥梁设计荷载标准》(CJJ 77-98)。
3. 《公路桥涵设计通用规范》(JTJ 021-89)。
4. 《公路桥涵地基与基础设计规范》(JTJ 022-85)。
5. 《公路钢筋混凝土及预应力混凝土桥涵设计规范》(JTJ 023-85)。
6. 《公路桥涵地基与基础设计规范》(JTJ 024-85)。

五、地质概况

根据岩土工程勘察报告，拟建场地地基可分为8个地质层(各土层地质特征及物理力学性质地质标准详见岩土工程勘察报告)：①层粉质黏土层底标高-1.05～-2.24m，容许承载力为280kPa；②层亚黏土层底标高-2.05~-3.04m，容许承载力为220kPa；③层粉砂层底标高-7.84～-8.28m，容许承载力为150kPa。根据地基础实况，本设计采用重力式墩台及桩墩结构；土层和②层亚黏土层适合作为天然基础持力层。本设计时将径为16m，根据现场地条件，以④层亚黏土层适合作为本桥基础持力层。石桥台，混凝土基础，基础底标高-1.30m，混凝土基础适合作为本桥基础持力层。

六、设计概况

1. 本桥采用标准跨径空心板桥，$L=16.0$m，桥梁中心线与过道路中心线斜交，工程总长21.24m，桥梁总宽度=51m，位于道路平曲线内。
2. 空心板顶面横坡采用调制顶应力空心板结构，空心板厚70cm。
3. 桥梁上部结构采用预制调制顶应力空心板，空心板间设置4cm宽GQF-C40型防水伸缩缝；空心板采用TCYB球冠冠板式橡胶支座。
4. 空心板桥面铺装为10cm整体化现浇混凝土+5cmAC-16沥青混凝土+4cmAC-13沥青混凝土，人行道为AC-13沥青混凝土。

七、主要材料

1. 混凝土

$L=16$m空心板、铰缝及桥面整体化现浇混凝土均为C40；空心板冠盖、基础、桥台盖梁、桥台及支撑梁混凝土均为25号。

2. 预应力钢筋

本设计空心板梁钢丝采用ASTM A416-87标准270级钢绞线，$R_y^b=1860$MPa，松弛率3.5%，钢绞线规格为ϕ12.70。

3. 普通钢筋

本设计空心板梁钢筋：φ代表Ⅰ级钢筋φ代表Ⅱ级钢筋(GB1499-98)。

4. 浆砌块石

本设计桥台身及翼墙采用10号，挡墙采用7.5号浆砌块石。

八、施工要点

1. 预应力钢绞线有效长度范围以外部分(图中虚线段)一定要采取有效措施进行失效处理；一般采用硬塑料管将失效范围内的钢绞线套住，以使钢绞线与混凝土产生黏结作用。
2. 预应力钢绞线穿以板内中心线对称布置，使板两端中心线低应力，张拉控制应力$\sigma_k=0.72$，$R_y^b=1339$MPa，张拉力为132.17KN；伸长值则根据施工时钢绞线张拉长度另行计算。
3. 预应力钢绞线采用张拉以对称布置，钢绞线的间距均不小于5cm的倍数；图中钢束编号空白处未示范处不设钢绞线。
4. 为使束拉端间隙内容均满足需要，规格化、分次完成，不得骤然放松，放松时混凝土实际立方抗压强度应不低于设计标号，不留积水，不得积水，以利现浇混凝土的反弯度。
5. 放松钢绞线后，钢绞线切割时间不得大于7d，否则可能产生毛细水。
6. 预应力空心板顶面混凝土主要按施工规范中浇筑处理，浇注上层混凝土前用水冲洗，不得积水，以利现浇混凝土与上层结合。
7. 预应力空心板浇筑时间不得大于20天，要采取可靠措施。
8. 在运输空心板时，要采取安心板产生的负弯矩破坏作用。可如下图所示给空心板施加一个正弯矩。

钢丝绳

吊环

木块

9. 铰缝后的钢筋外形随距外伸长度控制在18cm左右，最长不得大于20cm。
10. 预应力空心板应安装时间间60的关计算反拱度，本设计采用反拱计。
11. 桥台和后填土应分层夯实，分层厚度按规范执行，密实度不小于95%，填土达2/3桥台高度时，必须先上、之后回填以至设计间高度。
12. 空心板灌时，应注意裂缝件的设置，本设计所有预用钢筋均应准确预留，基坑开挖后，应及时设计件。
13. 浆砌块石及基础垫层施工时应严格按施工图纸进行施工。如发现地质与地质报告报告不符，应及时通知设计人员，以便作相应处理。
14. 其他未尽事宜，按设计有关规范及施工规范要求进行施工，与设计单位协商解决。

××市政工程设计研究院			××市快速路处		
图纸编号			工程名称	××青洋路(城北干道-312国道)	×××桥
审定			项目名称	××第二册(城北干-312国道)	×××桥
审核			设计阶段		施工
专业负责人			设计说明		图示
项目负责人			比例		
设计					
校对			200×年 1 月 15 日		图纸编号 02

图 5-24　××桥梁工程的施工图设计总说明

02/17

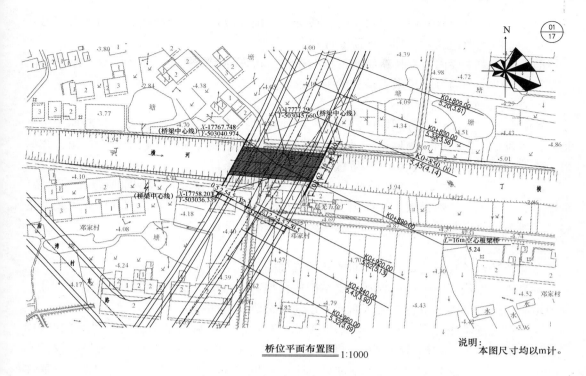

桥位平面布置图 1:1000

说明：
本图尺寸均以m计。

图 5-25 ××桥梁桥位平面布置图

路接近南北走向，桥梁跨越丁横河与河呈 69°交角，整座桥梁位于路线的平曲线上，周围环境以农田为主。本桥的跨径为 16m，单跨简支，桥梁中心桩号为 K0+890，桥梁宽度为 51m。桥梁中心线上还有 3 个控制点坐标，可以用于测量定位。

2. 识读桥位平面图的注意事项

首先通过图纸的目录找到桥位平面图。

其次根据全图，在图中找比例尺、指北针、单位等基本指标。通过指北针了解桥梁工程的走向，通过桥梁与周围地形地物的关系了解本工程所处的位置和环境情况。

最后针对图中的具体数据，进行深入的研读。如：找到桥梁工程中控制点的坐标、桩号；读出桥梁的跨径分布情况，单跨跨度，桥梁的宽度，桥梁与河道的斜交角度等。对于施工管理者，在识读桥位平面图时还会对工程周围环境进行分析，以便对施工场地布置进行规划。

（三）识读桥梁总体布置图

桥梁的总体布置图是整套图纸中比较复杂的一张图，图中的内容多，透视关系复杂，数据量大；也是相对重要的一张图，通过桥梁总体布置图，能对桥梁的组成、跨径、尺度、上下部结构有全面的了解。

1. 桥梁总体布置图的内容

桥梁总体布置图主要由立面图、横断面图、平面图组成。这三个图在图纸中布置成"三视图"的位置关系，也即立面图在左上，横断面图在右上，平面图在立面图的下方。理论上应符合"长对正、高平齐、宽相等"的原则。为了更好地体现桥梁的内部构造，在三个图中常常还采用半剖面的方法表示。

立面图中主要内容有河床、水位线、桥梁的基础、墩台、桥跨结构、桥面体系，另外注意在立面图的两边经常会加上地质断面图。

横断面图中主要内容有桥跨结构的横向布置、桥面体系的构成、桥梁墩台、基础等。

平面图中主要内容有桥墩、桥台的平面形状。

2. 识读桥梁总体布置图

桥梁总体布置图要充分利用"三视图"的原理进行读图。做到立面图、横断面图、平面图三者兼顾，根据同一构件在三视图中的位置、形状，展开联想，在脑袋中产生立体影像。此外对桥梁构造的熟悉也是读懂总体布置图的前提条件。

图 5-26 是××桥梁工程的总体布置图。首先从整体上来看，这是座单跨简支梁桥。整幅图由立面图、横断面图、平面图三部分组成。由于图幅的限制，位置并没有做到严格的"三视图"对应关系，这样无疑增加了读图的难度。下面分别对三个图进行识读。

（1）识读立面图

立面图是比较直观的，先从立面图开始（如图 5-27 所示）。

看整体：从这张图中可以看到简支结构的桥型，即两个桥台间架设简支梁。从下往上分别是刚性扩大基础、桥台、河床断面、水面、梁体、桥面系。

看细部：基础底标高 −1.30m，基础顶标高 −0.30m，基础厚 1m。其他标高和竖向尺寸计算依此类推。标准跨径 16m，桥梁总长 21.24m。其他横向尺寸依此类推。设计水面高 1.80m，梁底标高 3.98m，通航净高 2.18m。桥台和梁体还需配合另外两张图才能深入了解。

在该图的左右两侧是地质断面图。可以看出桥台基础范围内有 3 个土层，土的种类从上至下分别为：杂填土、黏土和亚黏土。基础埋置在黏土层中，该土层称为持力层，持力层下面的亚黏土层称为下卧层。层与层交界面上的数字是标高（由于土层不可能是水平的，因此标高有一个范围）。土层中的 $[\sigma_0]$ 表示土体的强度，由图中可以看出黏土的强度大于亚黏土的强度，因此桥台的基础做在黏土层中是合理的。

图中左半幅为"半纵立面图"，右半幅为"半纵剖面图"。这样可以更好地表达构件的内部构造。如图梁体在跨中不对接就是因为立面图看到的是梁的侧面，剖面图看到的是梁的内部。同样，桥台也因为观察的位置不同，造成左右不完全相同。

（2）识读横断面图

通过识读横断面图能很好地看出桥梁的横向布置，本横断面图由于存在对称关系，所以图中只画了半幅横断面，即以桥梁中心线左右对称。如图 5-28 所示。

首先看标注下面的文字，能很方便地了解本桥梁横断面的组成，显然本桥梁所在的道路为四幅路形式。

其次能读出简支板梁在横向的布置，单侧非机动车道和人行道由 5 块中梁和 2 块边梁组成，机动车道由 30 块中梁和 2 块边梁组成（注意对称的关系）。还能读出桥面布置和桥面铺装层的结构。板梁下部就是墩台和基础。

最后还需详细研读每部分的尺寸，对照立面图，对桥梁构件全方位的掌握。

（3）识读平面图

本平面图分为两部分，左侧平面图是梁体部分，右侧剖面图是桥台部分。如图 5-29 所示。

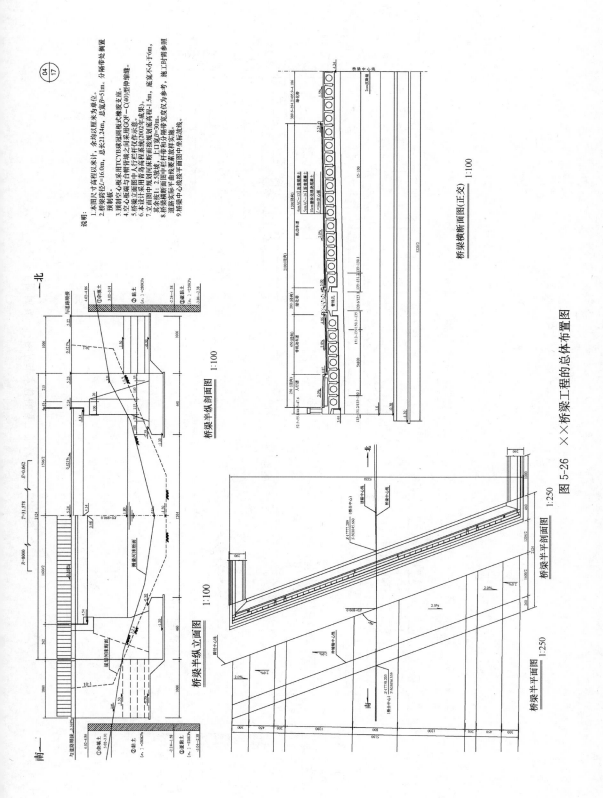

图 5-26　××桥梁工程的总体布置图

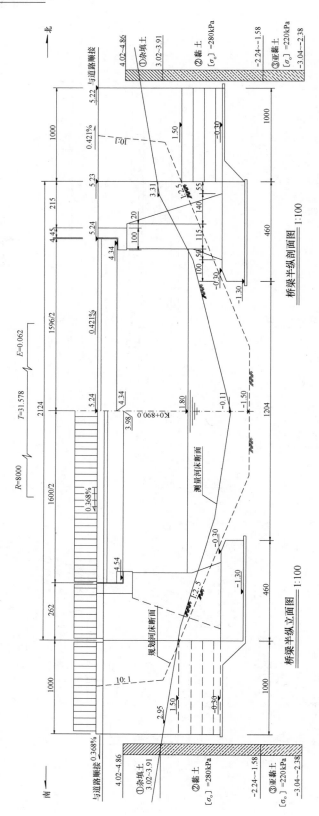

图 5-27　××桥梁工程的总体布置图——立面图

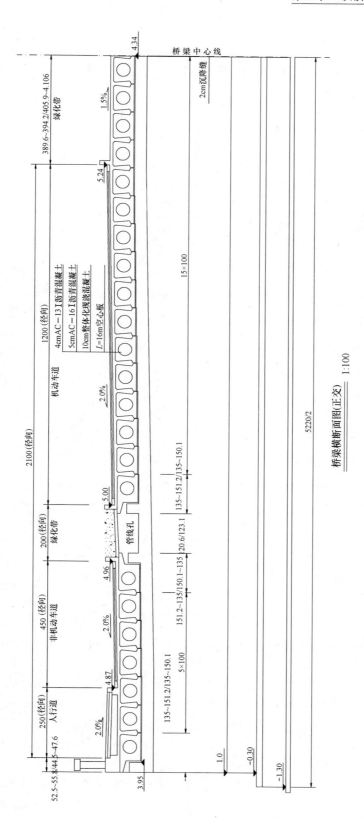

图 5-28 ××桥梁工程的总体布置图——横断面图

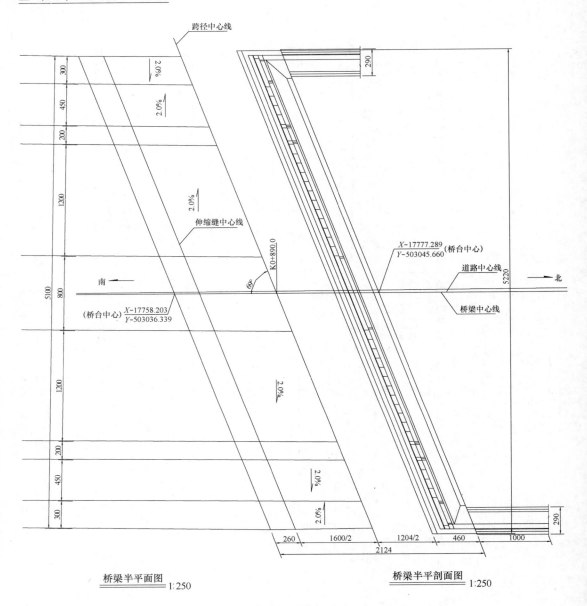

桥梁半平面图 1:250　　　　桥梁半平剖面图 1:250

图 5-29　××桥梁工程的总体布置图——平面图

从这张平面图上可以读出桥梁与河道斜交 69°。特别要注意的是，本图顺桥向的尺寸没有按实际比例画，但是通过下部标注可以读出：260（cm）为南边桥台厚度，1600/2（cm）即为跨径的一半，1204/2（cm）是两个桥台墙趾间距离的一半，460（cm）是桥台前墙的厚度（从基础墙趾算起），1000（cm）是桥台侧翼的长度。

桥台构造是本部分的难点，识读时一定要充分利用三视图原理，在脑袋里建立三维概念，并且对三个图来回观察，相互印证尺寸参数，保证对每部分的尺寸都落实到位。

（四）识读桥梁下部结构工程图

桥梁墩台是桥梁的重要结构，支承着桥梁上部结构的荷载，并将它传给地基。

桥墩指多跨（两跨以上）桥梁的中间支承结构物。桥台一般设置在桥梁的两端，除了支承桥跨结构之外，它又是衔接两岸接线路堤的构筑物，起到挡土护岸的目的。

桥梁墩（台）主要由墩（台）帽、墩（台）身和基础三部分组成。如图 5-30 所示。

墩台从总体上可分为两种：一种是重力式墩台，另一种是轻型墩台。重力式墩台的主要特点是靠自身重量来平衡外力而保持其稳定，因此，墩身、台身比较厚实，可以不用钢筋，而用天然石材或片石混凝土砌筑。它适用于地基良好的大、中型桥梁，或流冰、漂浮物较多的河流中，在砂石料方便的地区，小桥也往往采用重力式墩台。其主要缺点是圬工体积较大，因而其自重和阻水面积也较大。轻型墩台所用的建筑材料大都以钢筋混凝土为主，其刚度小，受力后允许在一定的范围内发生弹性变形。由于钢筋混凝土材料具有较好的抗弯拉能力，而且可以浇筑出各种形状，因此轻型墩台体量小，造型美观，是目前桥梁墩台的主要形式。

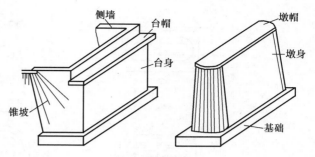

图 5-30　桥梁墩（台）组成

1. 桥墩

桥墩的构造形式非常多，大致可分为重力式桥墩和具有各种外观形状的轻型桥墩。

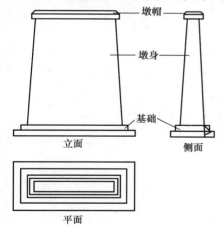

图 5-31　实体桥墩组成

（1）重力式桥墩

重力式桥墩由墩帽、墩身和基础构成。如图 5-31 所示。

墩帽是桥墩顶端的传力部分，它通过支座承托着上部结构，并将相邻两孔桥上的恒载和活载传到墩身上，因此，墩帽的强度要求较高，一般都用 C20 以上的混凝土做成。另外，在一些桥面较宽、墩身较高的桥梁中，为了节省墩身及基础的圬工体积，常常利用挑出的悬臂或托盘来缩短墩身横向的长度。悬臂式或托盘式墩帽一般采用 C20 或 C25 钢筋混凝土。墩帽长度和宽度视上部结构的形式和尺寸、支座的布置等要求而定。在支座下面墩帽内应设置钢筋网，对墩帽集中受荷处予以加强。

墩身是桥墩的主体。重力式桥墩墩身通常由块石、浆砌块石、片石混凝土、混凝土或钢筋混凝土等材料建造。墩身平面可以做成圆端形或尖端形。在有强烈流水或大量漂浮物的河道上，桥墩的迎水面应做成破冰棱体。如图 5-32 所示。

基础是介于墩身与地基之间的传力结构，其作用是把荷载扩散入地基土中。基础的种类很多，重力式桥墩下的基础主要采用设置在天然地基上的刚性扩大基础。它一般采用片石混凝土或用浆砌块石砌筑而成。基础的平面尺寸较墩身底截面尺寸略大，四周放大的尺寸每边约为 0.25～0.75m。基础可以做成单层的，也可以做成 2～3 层台阶式的。基础的埋置深度，除岩石地基外，应在天然地面或河底以下不少于 1m。

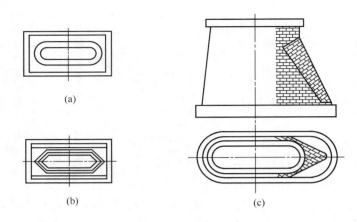

图 5-32 重力式桥墩墩身示意图
（a）圆端形桥墩；（b）尖端形桥墩；（c）破冰棱体

（2）轻型桥墩

对于城市桥梁，对下部结构的造型美观上比一般公路桥梁有更高的要求，近年来，国内外涌现出了各种造型的轻型桥墩，如图 5-33 所示。

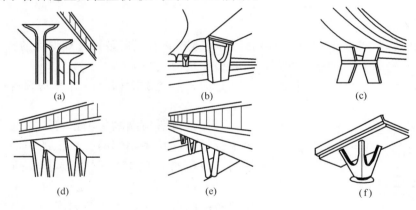

图 5-33 各种造型的轻型桥墩

（3）桩柱式桥墩

桩柱式桥墩是目前使用得比较多的桥墩，其结构特点是由分离的两根或多根立柱（或桩柱）所组成。它的外形美观，圬工体积少，适用性较广，并可与桩基配合使用，因此是目前公路桥梁中广泛采用的桥墩型式之一，特别是在较宽较大的城市桥和立交桥中应用广泛。

桩柱式桥墩的墩身沿桥横向常由 1～4 根立柱组成，柱身为 0.6～1.5m 的大直径圆柱，当墩身高度大于 6～7m 时，可设横系梁加强柱身横向联系。

桩柱式桥墩一般由承台、柱式墩身和盖梁组成。常用的型式有独柱式、双柱式、哑铃式以及混合双柱式四种。如图 5-34 所示。

目前我国常采用钻孔灌注桩双柱式桥墩，如图 5-35 所示，该桥墩由钻孔灌注桩、柱与钢筋混凝土盖梁组成。柱与桩直接相连，当墩身桩的高度大于 1.5 倍的桩距时，通常就在桩柱之间布置横系梁，以增加墩身的侧向刚度。钻孔桩柱式桥墩适合于许多场合和各种

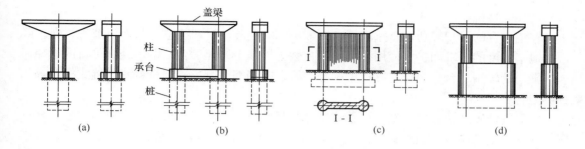

图 5-34 桩柱式桥墩

(a) 独柱式；(b) 双柱式；(c) 哑铃式；(d) 混合双柱式

地质条件。通过增大桩径、桩长或用多排桩加建承台等措施，也能适用于更复杂的软弱地质条件以及较大跨径和较高的桥墩。

2. 桥台

桥台可分为重力式桥台和轻型桥台。

（1）重力式桥台

重力式桥台的常用型式是 U 型桥台，它由台帽、台身和基础三部分组成。台后的土压力主要靠自重来平衡，故台身多由石砌、片石混凝土或混凝土等圬工材料建造，并用就地砌筑或浇筑的方法施工。

图 5-36 所示是 U 型桥台，因其台身是由前墙和两个侧墙构成的 U 字形

图 5-35 钻孔灌注桩双柱式桥墩实物图

结构而得名。其优点是构造简单，可以用混凝土或片石、块石砌筑，适用于填土高度在 8～10m 以下或跨度稍大的桥梁；缺点是桥台体积和自重较大，也增加了对地基的要求。

桥台的两个侧墙之间填土容易积水，所以宜用渗水性较好的土夯填，为了排除桥台前墙后的积水，应于侧墙间略高于高水位的平面上铺一层向路堤方向倾斜的夯实黏土作为防水层，并在黏土层上铺一层碎石，将积水引向设于台后路堤的盲沟内。

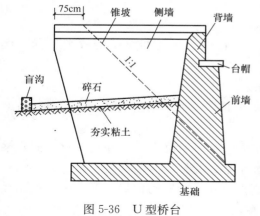

图 5-36 U 型桥台

U 型桥台前墙正面多采用 10∶1 或 20∶1 的斜坡，侧墙与前墙结合成一体，兼有挡土墙和支撑墙的作用。侧墙正面一般是直立的，其长度视桥台高度和锥坡坡度而定。前墙的下缘一般与锥坡下缘相齐，侧墙尾端，应有不小于 0.75m 的长度伸入路堤内，以保证与路堤有良好的衔接。台身的宽度通常与路基的宽度相同。台帽厚度一般不小于 400mm，中小桥梁也不应小于 300mm。前墙及侧墙的顶宽，对于片石砌体不宜小于 500mm；对于块石、料石砌体和混凝土不宜小于 400mm。

（2）轻型桥台

轻型桥台的体积轻巧、自重较小，一般由钢筋混凝土材料建造，从而可节省材料，降低对地基强度的要求和扩大应用范围，为在软土地基上修建桥台开辟了经济可行的途径。

常用的轻型桥台分为设有支撑梁的轻型桥台、钢筋混凝土薄壁桥台和埋置式桥台等几种类型。

常见的埋置式桥台的构造：埋置式桥台是将台身埋在锥形护坡中，只露出台帽在外以安置支座及上部构造。当路堤填土高度超过 6～8m 时，可采用埋置式桥台，利用台前锥坡的土压力来抵消台后的土压力，这样，桥台所受的土压力大为减小，桥台的体积也就相应地减少。

埋置式桥台由台帽、耳墙、台身和基础组成。

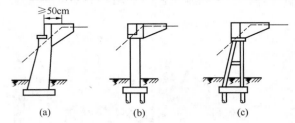

图 5-37　埋置式桥台
(a) 重力式；(b) 桩柱式；(c) 框架式

按台身的结构形式，埋置式桥台可以分为：重力式埋置桥台、桩柱式埋置桥台和框架式埋置桥台，如图 5-37 所示。

重力式埋置桥台的台身可用混凝土、片石混凝土或浆砌块石筑成，耳墙用钢筋混凝土做成。台身常做成向后倾斜，这样可减小台后土压力和基底合力偏心距。但施工时应注意桥台前后均匀填土，以防倾倒。

桩柱式埋置桥台和框架式埋置桥台，均较重力式桥台轻巧，常采用钢筋混凝土材料浇筑而成，能节约大量圬工。

桩柱式埋置桥台对于各种土壤地基都适宜，其结构与桩柱式桥墩类似，施工相对方便，因此使用非常广泛。根据桥宽和地基承载能力可以采用双柱、三柱或多柱的型式。柱与桩基础相连的称桩柱式，柱子嵌固在普通扩大基础之上的称为立柱式，完全由一排钢筋混凝土桩和桩顶盖梁联结而成的称为桩式埋置桥台。

3. 识读桩柱式桥墩构造图

×桥桥墩构造如图 5-38 所示。

识读要点：

（1）该桥桥墩形式为桩柱式桥墩。

（2）基础为打入桩基础，基桩截面尺寸为 0.4m×0.4m 方桩，每个桥墩下有 6 根基桩。

（3）该桥墩承台厚 1.5m，平面尺寸为 6.0m×2.4m。

（4）承台上立柱为 1.2m×1.2m 的方柱，每个桥墩 2 根立柱（双柱式），立柱高度为 3.07m。

（5）立柱上部为盖梁，由于该桥墩支承的梁体，一边为板梁，一边为 T 梁，而且梁体的梁高不同，因此盖梁的截面形状为 L 形，用于调整高差。

（6）立面图、侧面图左侧标注的是高程，高程差就是相应构件的高度。由于桩比较长，图中用到了截断线，此时桩长可以通过左侧的高程差计算出，如：桩长＝2.1m—

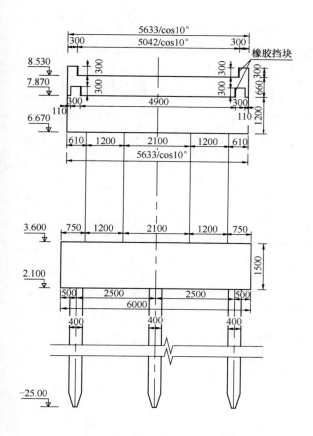

立面（盖梁以中轴线示出）

侧面

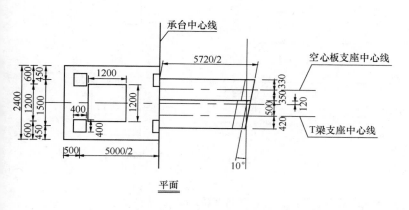

平面

图 5-38 ×桥桥墩构造图（单位：mm，高程单位：m）

（−25.00m）＝27.1m。

（7）本桥在平面上有 10°的斜交，因此盖梁在平面上也有 10°的斜交角度。

4. 识读桩柱式桥墩配筋图

如图 5-39、图 5-40 所示×桥桥墩配筋。

识读要点：

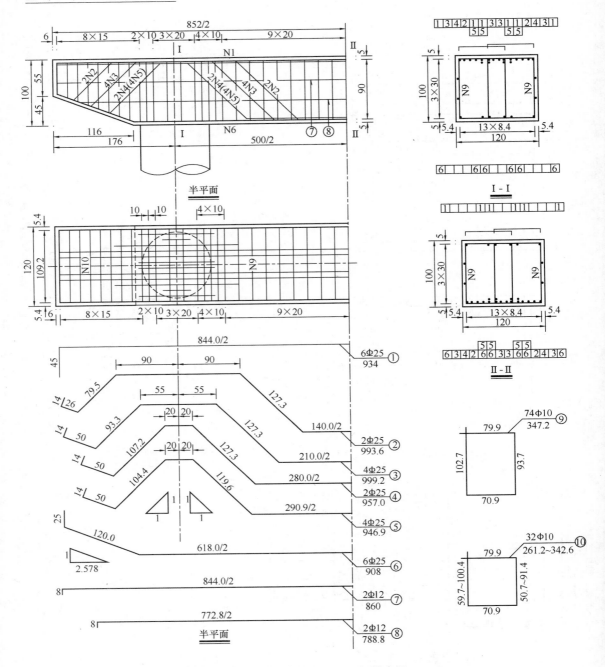

图 5-39　盖梁配筋图（单位：cm，钢筋直径：mm）

（1）该桥桥墩为桩柱式桥墩，立柱为直径 1m 的圆柱。

（2）图 5-39 为桩柱式桥墩盖梁的配筋图。盖梁钢筋从①～⑩号，共 10 种钢筋。①号钢筋为架立钢筋；②～⑤号钢筋为弯起钢筋，在柱顶与盖梁衔接处由盖梁下部弯入上部，用于承受负弯矩；⑥号钢筋为纵向主筋，兼具和①号架立钢筋焊接形成钢筋大片的功能；⑦号、⑧号钢筋为水平分布钢筋，用于钢筋骨架侧面定型及盖梁侧面混凝土的防裂。

（3）图 5-40 为桩柱式桥墩立柱的配筋图。立柱钢筋从①～⑩号，共 10 种钢筋。①

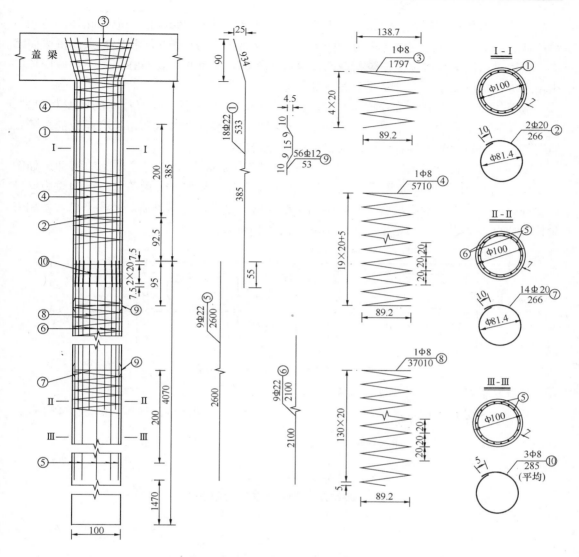

图 5-40 桩柱配筋图（单位：cm，钢筋直径：mm）

号、⑤号、⑥号钢筋为立柱纵向钢筋，①号钢筋进入盖梁部分形成喇叭形，用于增强立柱与盖梁的连接；③号、④号、⑧号钢筋为螺旋箍筋；②号、⑦号、⑩号为加强箍筋，每2m设一道，位于箍筋骨架的内侧；⑨号钢筋为定位钢筋，每2m设一组，每组围绕钢筋骨架外围均匀设置4根，用于保证钢筋骨架的保护层厚度。

（4）识读配筋图注意：根据钢筋的编号进行识读，如：图中N2、②均表示编号为2的钢筋。图中1φ8表示1根直径为8mm的一级钢筋（光圆钢筋）。

（五）识读桥梁桥面系及附属结构工程图

桥面系是桥梁桥跨体系上部许多附属设施的统称，主要包括：桥面铺装，人行道，栏杆或护栏，伸缩装置等设施。

1. 桥梁桥面系及附属结构工程图

（1）桥梁伸缩装置

桥梁伸缩装置又称为伸缩缝，其主要用途是满足桥梁上部结构的变形；此外，还必须具备良好的平整度，足够的承载力，防水、防尘，经久耐用，便于更换等特点。桥梁伸缩装置在桥梁结构中直接承受车轮荷载的反复冲击作用，而且长期暴露在大气中，使用环境比较恶劣，是桥梁结构中最易受到破坏的部分。

常用的伸缩装置有板式橡胶伸缩装置、梳齿板式伸缩装置。随着技术的研发和引进，各种各样的新型伸缩装置出现了，特别是各种型号的异型钢梁和橡胶带组合而成的单缝式伸缩装置、模数式伸缩装置，已成为目前桥梁伸缩装置的主流。

GQF-C 型、GQF-MZL 型桥梁伸缩装置是该类伸缩装置中使用较广泛的两种。如图5-41 所示为 GQF-C 型伸缩装置是单缝式伸缩装置，由一条橡胶密封条，一组钢质边梁及锚固件组成，具有与桥面接合平顺，结构简单，密封止水、伸缩灵活，行车平稳，使用寿命长的特点，适用于伸缩量小于等于 80mm 的各种桥梁。

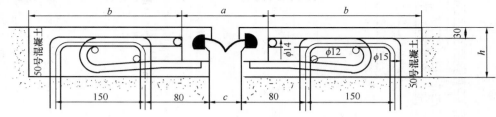

图 5-41 GQF-C 型单缝式伸缩装置

（2）桥面铺装、防水及排水设施

桥面的常见构造层次从上至下有：铺装层，防水层，现浇桥面板等。如图 5-42 所示。

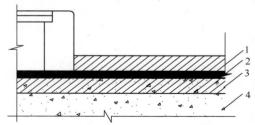

图 5-42 桥面铺装构造层次示意图

1—铺装层；2—防水层；3—现浇桥面板；4—主梁

（3）栏杆、护栏

栏杆和护栏是设置于桥梁两边或中央分隔带的结构物，但两者在功能上有所区别。栏杆主要设置于城市桥梁，既防止行人和非机动车辆掉入桥下，又兼具装饰性，通常不具有防止失控车辆越出桥外的功能。护栏设置于高速公路、一级汽车专用公路、城市快速路等，主要在于防止车辆冲出桥梁所设。

1）栏杆构造

栏杆常用混凝土、钢筋混凝土、花岗岩、金属或金属与混凝土制作。由立柱、扶手、栏杆板（柱）等组成。栏杆的形式多样，具体构造可参考相应的图集。

2）护栏构造

桥梁护栏常用的有波形梁护栏、钢筋混凝土墙式护栏、组合式护栏等。如图 5-43所示。

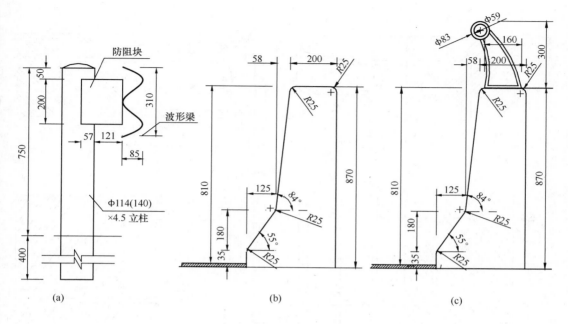

图 5-43　护栏构造图（单位：mm）

（a）波形梁护栏；（b）钢筋混凝土护栏；（c）组合式护栏

①波形梁护栏。波形梁护栏由波形横梁、立柱、防阻块组成。如图 5-43（a）所示。波形梁由钢板或带钢经冷弯加工成型而成。立柱常用形式为薄壁管状断面和薄壁开口槽型断面，皆为型钢制造。防阻块是波形梁与立柱间的承力部件，可以减少立柱对车轮的拌阻，吸收车辆冲击能量。按防撞等级波形梁护栏分为 A 级和 S 级，A 级适用于高速公路和一级公路，S 级适用于特别危险、需要加强保护的路段。护栏立柱的中心距 A 级为4m，S 级为 2m。

②钢筋混凝土墙式护栏。钢筋混凝土墙式护栏截面构造如图 5-43（b）所示。其有基本型（NJ 型）和改进型（F 型）两种。两者外形相似，只有个别尺寸不同。使用中，护栏正面的截面形状不得随意改变，背面可根据实际情况采用合适形状。为了保证护栏的防撞性，钢筋保护层厚度不小于 50mm。

③组合式护栏。组合式护栏是钢筋混凝土墙式护栏和金属制梁柱式护栏的组合形式。它兼具墙式护栏坚固和梁柱式护栏美观的优点，被广泛用于我国汽车专用公路桥梁上。组合式桥梁护栏的构造如图 5-43（c）所示。钢筋混凝土护栏顶部预埋钢板和螺栓，用以连接混凝土护栏上的铸钢支承架，支承架按一定间距布置，中间穿有钢管。

2. 识读 GQF-C 型伸缩装置施工图

图 5-44 所示为某 GQF-C 型伸缩装置的施工图。图中可以看到中间部分打阴影线的是型钢边梁，两侧编号为①的是伸缩装置自带的锚固钢筋，编号为②的是桥台（桥面系）中的预埋钢筋，用来和伸缩装置进行焊接，编号为③的是横穿的水平钢筋，也是用来和①、②号钢筋链接用的。伸缩装置两侧搭接钢筋范围需要灌入高强度等级混凝土。图中 GQF-C80 表示该伸缩装置是 GQF-C 型异型钢单缝式伸缩装置，其最大变形量为 80mm。

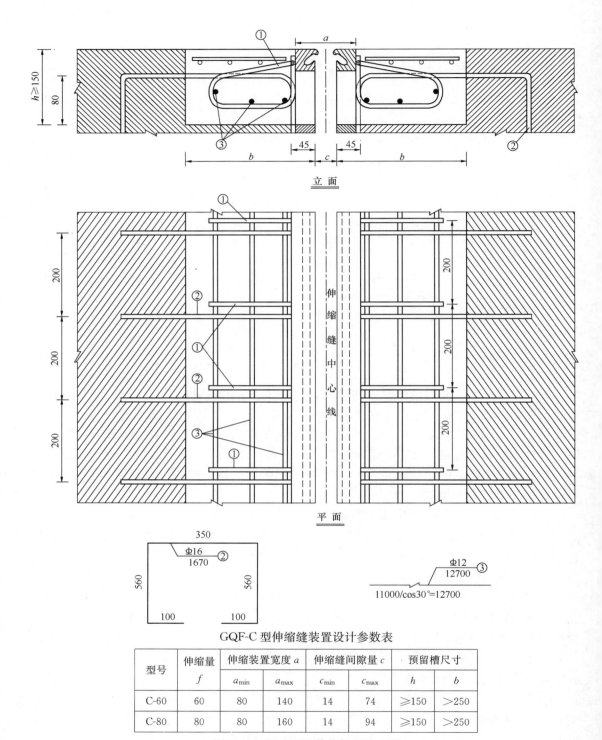

立 面

平 面

GQF-C 型伸缩缝装置设计参数表

型号	伸缩量	伸缩装置宽度 a		伸缩缝间隙量 c		预留槽尺寸	
	f	a_{min}	a_{max}	c_{min}	c_{max}	h	b
C-60	60	80	140	14	74	≥150	>250
C-80	80	80	160	14	94	≥150	>250

图 5-44 GQF-C 型伸缩装置施工图

思　考　题

1. 识读市政工程图应注意哪些问题？
2. 公路路线工程图包括哪些内容？
3. 路线纵断面图的图示方法是什么？
4. 城市道路横断面图组成部分有哪些？
5. 桥梁的基本组成是什么？
6. 桥梁施工图由哪几部分组成？
7. 桥位平面图中包含哪些信息？桥位平面图有什么用途？
8. 桥梁总体布置图中有哪些内容？如何识读，有什么原则？
9. 试说明桥墩的组成。
10. 桥梁下部结构组成是怎样的？公路桥梁桥台的主要形式有哪些？

第六章　编　制　竣　工　图

内　容　提　要

竣工图是建设工程在施工过程中所绘制的一种"定型"图样。它是建筑物、施工结果在图纸（或图形数据）上的反映，是最真实的记录，是城建档案的核心。本章主要介绍了竣工图的概念、编制竣工图的意义、编制竣工图的要求和方法以及编制竣工图的注意事项等内容。

第一节　竣　工　图　概　述

一、竣工图的概念

竣工图是真实反映建设工程施工结果的图样，是各种地上地下建筑物，构筑物等情况的真实记录，是工程交工验收、维护、改建、扩建的依据，是工程档案的重要组成部分。

竣工图最基本的特征是图物相符。所谓图物相符即依据在施工过程中确已实施的图纸会审记录、设计修改变更通知单、工程洽商联系单以及隐蔽工程验收或对工程进行的实测实量等形成的有效记录进行编制的工程图样。

二、竣工图与施工图

（一）竣工图与施工图关系

一个工程项目的建成，都要经过一个较长的施工过程，在这个过程中，人们逐渐将图纸上的东西变为现实中的建筑或构筑物。施工图是以工程制图原理为基础，按照国家规定的建筑制图标准和有关设计规范，将设计的建筑物、构筑物等建设工程的结构、尺寸、标高、用料等准确、详细地表示出来的，并在建筑工程设计最后阶段形成的，用以指导工程施工的图纸。作为体现人们设计意图的工程设计是否能够顺利变为现实，会受到设计、施工、技术等诸多方面因素的影响，有人为主观方面的因素（如设计单位、建设单位提出变更），也有客观条件（如地质情况、材料情况等）的制约，整个工程一点没有变更完全"按图施工"是很少的，只不过是变更多少、大小不同而已，变更大的如平面改动、工艺改动等，变更小的诸如钢筋代换、门窗材质及装饰材料变更等。工程变更在基本建设过程中是很正常的现象，但是当工程变更后，作为原来的施工图设计就不能反映工程建设的真实情况，就必须对原施工图进行修改和重绘，使之转变为竣工图。

（二）竣工图与施工图的区别

竣工图与施工图之间的区别在于：首先施工图是建设工程施工前产生的，是指导施工的依据；竣工图是建设工程施工过程中形成的完全反映工程施工结果的图纸，是工程建成后的真实写照。其次施工图与竣工图是两个不同阶段的图纸，一个是施工阶段的图纸，在施工前形成；一个是竣工阶段的图纸，编制各种竣工图，必须在施工过程中（不能在竣工后），按照这一规定竣工图的编制必须一边施工，一边编制。在施工过程中最少先编制一份与实际情况相符的竣工图，工程验收完成后，依据此份竣工图为母本，根据实际需要的套数再复制所需的套数，这样做的目的在于避免因建设工期时间长，有关机构、人事的变化等因素而引起的忘记或责任不清造成竣工图不准确，给以后的使用造成隐患。再者施工图是编制竣工图的基础，施工图纸和施工时的设计变更、工程洽商记录等对施工图的修改是编绘竣工图的依据，竣工图是施工图实施后的记录，是施工图的事实结果，同时二者作用和保存价值也不同。具体区别综合见表 6-1。

竣工图与施工图的区别　　　　　　　　　　　　　　　表 6-1

区　别	施工图	竣工图
编制单位不同	设计单位	施工单位
意图表达不同	设计构思（虚构思图）	建筑实体（实定型图）
编制时间不同	施工前	施工过程中
作用不同	施工依据（照图施工）	交工验收及改扩建依据
保存价值不同	保存一定时期	永久保存

三、编制竣工图的意义

（一）竣工图是进行管理维修、改扩建的技术依据

20 世纪 80 年代以前，竣工图的编制工作在社会上一直没有引起足够的重视，在市政基础设施工程上，线路、管道被挖断的现象层出不穷，屡见不鲜，人们戏称的城市"拉链工程"就是对市政工程乱开挖，不编绘竣工图的极大讽刺。随着建筑物使用年限的延长，原来的电线电缆、给排水管线等将逐步老化或者为了对原有容量小的进行维修增容，这时首先要搞清原有的管线走向位置、管沟大小等；其次因使用功能上的需要，如办公楼改建成住宅楼或者办公楼改建成商业用门面房等须对建筑物结构进行改变，那么就必须弄清楚它的结构形式，完整准确的竣工图作用至关重要。

（二）竣工图是城市规划、建设审批等活动的重要依据

竣工图另一个重要作用就是城市规划、建设审批的重要依据，特别是对城市的地下空间的规划非常重要，随着城市服务功能增加，地下建筑和管线越来越多，合理的安排新建地下建筑物和地下管线的布置，同样离不开完整准确的竣工图。2000 年冬季发生在西安莲湖路天然气地沟爆炸事故，就是因为天然气管道与电力通信线路规划的安全距离不够，因天然气泄露后浓度的增加，电力通信线路的放电火花引起地沟爆炸。类似问题还有管线位置变更没有改绘标注，新的管线又规划在同一位置，施工时经常发生挖断光缆、电力电缆、输水管线的重大事故和人身伤亡。2003 年，中华人民共和国行业标准《城市地下管线探测技术规程》CJJ 61—2003、J271—2003 发布，其中 6.2、6.3 两节对专业地下管线编绘及综合地下管线图编绘，作出详细规定。各城市地下管线图必须依照这个技术规程进行绘制。

（三）竣工图是司法鉴定裁决的法律凭证

竣工图具有司法鉴定裁决的法律凭证作用，对于一个重大的工程质量事故的技术鉴定，首先要对工程图纸进行核对，检查施工单位是否严格按图施工，有变更的部位是否经

过设计同意，签字手续是否完备，其次才是对设计计算、原材料是否合格、施工过程是否符合规范要求的检查。如著名的四川彩虹桥倒塌事件等都是血的教训。最后的司法量刑竣工图的法律凭证作用不可忽视。历经 20 多年的认识和发展，到 2002 年，竣工图编制融入了国家标准之中，在国标《建设工程文件归档整理规范》GB/T 50328—2001 中，在原竣工图编制制度的基础上，规定更加明确，要求更加严格。

（四）竣工图是抗震防灾、战后恢复重建的重要保障

完整准确的竣工图对于抗震救灾、战后恢复重建具有雪中送炭之功效，当地震等灾害发生后，及时恢复灾区通信、供电、供水、交通（桥梁、隧涵）等基础设施工程是燃眉之急，完整准确的灾区地下管线工程、地下构筑物工程竣工图将会发挥重大的作用。因此，完整、准确的竣工图与城镇居民的正常生活及生命财产息息相关，必须以高度的职业道德和责任感做好这一工作。

（五）竣工图是规范化管理的要求

2005 年住建部印发了《城市地下管线工程档案管理办法》，该办法分别对建设单位、施工单位、规划、设计、测量及地下管线专业管理单位和城建档案馆都提出非常具体的要求。例如：建设单位在领取工程规划许可证及施工许可证前，必须到城建档案馆查询地下管线的现状资料，竣工后必须向城建馆移送整套的技术文件及竣工图，这样就从法规上保证了地下管线的完整性和准确性。国家关于竣工图编制法规性文件的不断完善，为我们搞好竣工图编制工作提供了有效的法律依据，为城建档案规范化管理提出更高的要求。

竣工图的编制，不仅标志着工程已经竣工，建筑实体已经落成，更标志着反映建筑实体的档案文件亦已编绘完成，竣工图及其工程技术文件将伴随建筑物和构筑物保存下去。搞好竣工图的编绘工作，不仅维护了工程建设的真实面貌，而且为交工竣工验收及其今后的使用管理，工程维修提供了依据。它是一项利在当代，功在千秋的重要工作，具有非常深远的意义。

四、编制竣工图的现状及问题

（一）编制竣工图的现状

在《编制基本建设工程竣工图的几项暂行规定》印发后，经过不断完善和提高，编制竣工图的工作有了长足的进步。工程项目一般在验收时，都能编制好竣工图，特别是一些重要建设项目及地下管线工程，工程竣工都重新绘制了竣工图，为日后维护管理提供了重要依据。

（二）编制竣工图存在问题

实践中编制竣工图仍然存在不容忽视的问题，大体归纳如下：

（1）修改图纸不是新蓝图，计算机出图中有复印图，图面不清洁，字迹不清楚。

（2）变更不修改或修改不完全。

（3）变更修改不规范，表现为绘图不符合国家制图标准，用铅笔、红笔改图，改图后未注明变更依据，对已出变更图的原施工图未加注明变更注记仍加盖竣工图章，使竣工图章形同虚设，失去竣工标志的意义。

（4）乱盖竣工图章，不仅位置不对，还与原图图形、文字重叠，甚至对已作废图纸仍加盖竣工图章，使竣工图编制这项极其严肃的工作如同儿戏。

（5）签字手续不完备，代签现象严重，有的图标签字甚至为一人所为。

第二节　编制竣工图的要求和方法

竣工图编制工作，就是按照国家关于编绘竣工图的有关规定，在工程建设施工过程中对原施工图进行注记、补充、修改或按实际情况重新绘制的工作。

一、编制竣工图的要求

（一）竣工图的绘制工作

由绘制单位工程技术负责人组织、审核、签字并承担技术责任。由设计单位绘制的竣工图，需施工单位技术负责人审查、核对后加盖竣工图章。所有竣工图均需施工单位在竣工图章上签字认可后才能作为竣工图。

（二）遵守工程制图的规范和标准

无论是利用施工蓝图改图或重新绘制的竣工图，都不能违反国家制图的原则和规定。图幅、图例、图形、比例、线型、字体、图标等都要满足工程制图的绘制要求，严禁随意绘制。

（三）竣工图的内容要与建筑实体的内容相符

图形、说明、注记要准确，能真实反映施工结果，为保证竣工图修改来源的真实性，利用蓝图修改的竣工图必须加注变更依据。

（四）图面整洁、线性准确、字迹清楚

利用蓝图修改竣工图的图纸图面不能糊涂不清，一定要清晰，做到无污染、无破损、无覆盖，不允许有涂抹、补贴现象。

（五）设置竣工图标志

重新绘制的（包括电脑绘制的）竣工图，图签栏中的图号应清楚带有"建竣、结竣、水竣、电竣……""或竣工版"等字样，制图人、审核人、负责人签名俱全，并注明修改出图日期及版数后由施工单位加盖竣工图章。

1. 竣工图章

竣工图章的尺寸为 50mm×80mm 长方形，章内设置施工单位、编制人、审核人、技术负责人及监理单位、总监和现场监理签字之栏目。竣工图章示例见《建设工程文件归档整理规范》GB/T 50328—2001 中 4.2.8 条。该竣工章用于施工蓝图，计算机绘图编制后签章。竣工图章示例参考如下：

竣　工　图				
施工单位				
编制人		审核人		
技术负责人		编制日期		
监理单位				
总　监		现场监理		

2. 竣工图图标

重新绘制的竣工图图标栏，除图名中应注明××××工程竣工图外，在原图标栏栏目

183

内还要增加竣工图所应设置的栏目，或者用原设计图标加盖竣工图章。

二、编制竣工图依据及深度

(一) 竣工图的编制依据

（1）图纸会审记录或设计交底。

（2）设计变更，即设计单位发出的变更通知单和修改图。

（3）技术核定单（工程洽商单），即在施工过程中，建设单位与施工单位提出的设计修改，变更项目内容的技术核定文件。

（4）隐蔽工程验收记录及材料代换签证记录。

（5）竣工测量记录和变形、定位测量记录。

(二) 编制深度

（1）凡完全按图施工，工程没有变动的，由施工单位在原施工图上加盖竣工图章标志，施工图就变成了竣工图。

（2）施工中有一般性变更，可在原施工图上修改补充后，注明变更依据，加盖竣工图章，变更后的施工图即变成了竣工图。

（3）工程项目、结构形式、工艺、平面布置等发生重大改变，不宜再在原施工图上修改补充，或修改内容超过 1/3 幅面的，应重新绘制改变后的竣工图。

上述（1）、（2）两条，由施工单位完成，第（3）条重新绘制改变后的竣工图，如果变更后由于设计原因造成的，由设计单位负责重新绘制竣工图，但是设计单位一般出示的都是变更图，仍需施工单位加盖竣工图章；如果变更原因是由施工原因造成的，由施工单位重新绘图；由于业主变更或其他原因造成的，由建设单位自行绘图或委托设计单位绘图，施工单位负责在新图上加盖竣工标志，并附以有关记录和说明作为竣工图。

三、竣工图的编制方法

(一) 施工蓝图的修改方法

即在施工蓝图上直接对工程变更进行修改的方法，主要有：

（1）杠划法：即在原施工图上将不需要的线条用粗直线或叉线划去，重新编制竣工图的真实情况。此法是竣工图编制工作中最常用的一种基本方法。其特点是被划去的内容和重新绘制的内容都一目了然，且编制竣工图的工作量较小，不足的是当变更较大或较多时，图面易乱，表达不清。

（2）刮改法：即在原施工底图上刮去需要更改的部分，重新绘制竣工后的真实情况，再复晒竣工蓝图。此法的特点是必须具备施工底图方可进行，对于大型工程和重要建筑物，考虑到目前蓝图不利于长期保存，最好编制竣工底图，或者利用现代复印设备，先制作施工底图，再利用刮改法做竣工底图。

（3）贴图更改法：原施工图由于局部范围内文字、数字修改或增加较多，较集中，影响图面清晰，或线条、图形在原图上修改后使图面模糊不清，宜采用贴图更改法。即将需修改的部分，用别的图纸书写绘制好，然后粘贴到被修改的位置上。粘贴时，必须与原图的行列、线条、图形相衔接。在粘贴接缝处要加盖编制人印章。重大工程不宜采用贴图更改法，整张图纸全面都有修改的，也不宜用贴图更改法，应该重绘竣工图。

（4）注记修改法：此法是用一条粗直线将被修改部分划去。因为注记修改基本上不涉及图纸上线条修改的内容，而用文字、符号加以注释，因此，此法仅适用于原施工图上仅用文字注释的内容。如建筑、结构施工图的总说明、材料代用、门窗表的修改等变更。

（二）底图的修改

对于重点工程或具有重大经济、政治影响的工程除了保存竣工蓝图外，还要保存竣工底图。竣工底图的修改方法，在硫酸纸上把需要部分添上或用刀片把取消部分刮掉。

（三）在二底图上修改的竣工图

所谓二底图是利用原设计施工图或蓝图用复印机制成的底图（硫酸纸图），一般在二底图上修改由设计人员来完成，当工程变更文件下达后，即进行修正，修改方法同底图——刮改法。用修改后的二底图晒制成蓝图用于施工，同样二底图修改也应绘修改备考表。利用二底图修改完成的竣工图底图或由其晒制的蓝图必须加盖竣工图章。

（四）重新绘制竣工图

凡结构形式改变、工艺改变、平面布置改变、项目改变以及其他重大改变，或者在一张图纸上改动部分大于 40％以及修改后图面混乱、分辨不清的图纸均需重新绘制。重绘方法与施工图设计是一样的，一般在工程竣工后进行，分整套工程重新绘制或局部重新绘制两种。重新绘制整套工程的竣工图工作量大、用时长、时间紧、花费多，除地下管线因质量要求高使用此法较多外，一般的建设工程全套重新绘制还是较少的，部分图纸采取重绘较普遍。

四、计算机编制竣工图

许多设计单位利用工程设计软件在计算机上绘制施工图，或者利用相应的软件将施工图扫描到计算机中，在计算机上根据修改依据对图纸进行修正，输出修正后的图纸，并在图纸上加盖竣工图章，便形成在计算机上修改输出的竣工图。与蓝图修改不同的是修改工作是在计算机上完成的，修改方法用删除或增加相关内容的方法，其修改内容必须与实物一致。为保证其修正的内容的准确性，计算机修改必须做修改备考表，以备修改内容与修改依据相对照。

修 改 备 考 表

序号	修改内容	修改依据	修改人	日期	备注

五、编制竣工图注意事项

（1）竣工图编制工作是一项利在当代，惠及子孙的千秋事业，必须树立正确的指导思想。工程变更后，一定要进行修改或重绘，使之与实物相符，绝不能有松懈、麻痹和侥幸之心理，应严肃认真、一丝不苟地对待竣工图的编制工作。

（2）编制竣工图的图纸必须是新蓝图。计算机出图必须清晰，不得使用复印件。

（3）竣工图编制必须符合国家制图规范，切忌随意性。无论是蓝图修改或重绘，都要使用碳素墨水或钢笔，不得用铅笔、圆珠笔及其他易于褪色的墨水绘制。做到线条均匀、字体工整、清晰、严禁错别字和草字。

（4）竣工图修改要全面。要互相对应，不能只改其一不改其二，涉及建筑、结构、水电及其他专业变动的都要做相应修改，使其与变更相吻合。不允许只用文字说明代替绘图修改，更不允许在图纸上抄录洽商记录或改变依据附于图纸之上。

（5）对于已有变更图的原施工图处理，应根据变更情况区别对待。若变更图完全取代原施工图，变更说明中已注明原施工图作废，此时原施工图可不再归档，只需在图纸目录中剔除即可；若变更图只是局部修改，仍有部分按图施工，此时原施工图不仅要归档，而且要在变更处注明"此处有变更，详见×××变更图"字样，绝不允许不标注变更就加盖竣工图章的行为发生。

（6）在施工蓝图上改绘竣工图，不得采用刮改及涂抹的方法，既要保持设计原貌又要体现变更后的情况。

（7）变更修改以后，必须注明变更依据。且经审核人、技术负责人、监理单位、总监及现场监理审核并分别签字，以示责任。

（8）加盖竣工图章，竣工图章应使用不易褪色的红印泥，一般加盖在原图标栏上方空白处，避免与原图形、文字相重叠，若原图标周围无空白处，可找一内容较少且醒目的位置加盖。整套图工程图纸均需加盖竣工图章。

（9）竣工图的份数

建设单位与施工单位签订施工合同时，应明确规定竣工图的编制套数，在此情况下竣工图的编制套数应不少于施工合同的约定。如施工合同中设有约定，大中型建设项目和城市住宅小区建设项目的竣工图不得少于两套，一套移交建设单位保管，另一套交城建档案馆长期保存。关系到全国性特别重要的建设项目（如首都机场、南京长江大桥等），应增交一套给国家档案馆保存。小型建设项目的竣工图不得少于一套，移交建设单位保管。

（10）竣工图的组卷

竣工图应按专业、系统分类进行组卷。竣工图组卷包括以下内容：建筑总平面布置图、总图（室外）工程竣工图、建筑竣工图、结构竣工图、装修、装饰竣工图（机电专业）、幕墙竣工图、给排水竣工图、消防竣工图、燃气竣工图、电气竣工图、弱电竣工图（包括各弱电系统，如楼宇自控、保安监控、综合布线、共用电视天线、停车场管理等系统）、采暖竣工图、通风空调竣工图、电梯竣工图、工艺竣工图等。

（11）竣工图的汇总整理工作，按下列情况区别对待：

①建设项目实行总包的，各分包单位应负责编制分包范围内的竣工图，总包单位除编制好自行施工的竣工图外，还应该负责汇总整理各分包单位编制的竣工图。总包单位在交工时，应向建设单位提交总包范围的各项完整、标准的竣工图。

②建设项目有建设单位或工程指挥部分别包给几个施工单位承担的，各个施工单位应该负责编制所承包工程的竣工图，建设单位或工程指挥部负责汇总整理。

③建设项目在签订承包合同时，应明确规定竣工图的编制、检验的交接问题。

思 考 题

1. 竣工图与施工图主要区别是什么？
2. 编制竣工图有哪些意义？
3. 编制竣工图的要求是什么？
4. 竣工图的编制方法有哪些？
5. 编制竣工图注意的问题是什么？

主要参考文献

［1］ 张小平. 建筑识图与房屋构造. 武汉：武汉理工大学出版社，2005.

［2］ 郑贵超，赵庆双. 建筑构造与识图，北京：北京大学出版社，2009.

［3］ 高竞. 怎样阅读建筑施工图. 北京：中国建筑工业出版社，1998.

［4］ 陆文华. 建筑电气识图教程. 上海：上海科学技术出版社，1997.

［5］ 乐嘉龙. 学看暖通空调施工图. 北京：中国电力出版社，2002.

［6］ 赵研. 建筑识图与构造. 北京：中国建筑工业出版社，2004.

［7］ 高霞，杨波. 建筑施工图识读技法. 合肥：安徽科学技术出版社，2007.

［8］ 王强，张小平. 建筑工程制图与识图. 北京：机械工业出版社，2003.

［9］ 王立信. 安全与管理及竣工图技术文件. 北京：中国建筑工业出版社，2009.

后　　记

为了更好地适应城建档案从业人员岗位培训工作的需要，在江苏省住房和城乡建设厅领导和组织下，特编写《工程识图与竣工图编制》岗位培训教材，本教材是江苏省城建档案从业人员岗位培训教材之一，是专业基础知识读本。本书从城建档案从业人员实际需要出发，结合建筑的基本结构和构造，注重科学性、先进性、实用性的有机统一。本教材第一章介绍了房屋建筑构造方面的专业知识、投影原理及常见工程图的表达方式；第二章～第五章介绍识读建筑施工图、结构施工图、给排水和采暖通风图、煤电气施工图、市政工程图等；第六章介绍编制竣工图的相关知识，对工程中相应岗位从业人员工作具有实际的指导意义和参考价值。书中引用的建筑工程实例浅显易懂，部分图形增加了注解的识图文字，便于学员自学的需要。书中提供的看图实例虽然有限，但能对识读各类工程图起到引领和帮助的作用，在介绍各类工程图阅读方法的同时，给读者以初步入门的指引。

本书由江苏省常州建设高等职业技术学校陈兰英副教授主编，参加编写的还有江苏省建湖县城建档案馆赵平，江苏省常州建设高等职业技术学校庞建军、顾虓、徐海晔、邹平等，全书由陈兰英负责统稿。

本书编写过程中，得到了江苏省住房和城乡建设厅档案办公室、江苏省建设档案研究会和常州市城建档案馆、扬州市城建档案馆等单位的大力支持，南京市住房和城乡建设委员会项目储备中心王军主任和南京交通职业技术学院张晓岩副教授为本书提出了大量建设性建议和修改意见，在此表示深深的谢意。

教材编写过程中参考了有关书籍、标准、图片和其他参考资料，在此谨向这些文献的作者表示衷心感谢。

由于编写时间仓促，加上编者水平有限，书中疏漏和不足之处在所难免，恳切希望广大读者和学员提出宝贵意见。